JN234765

はじめての微積分 (上)

斎藤正彦 著

朝倉書店

まえがき

　この本は大学初年級の微積分の教科書であり，またはじめて微積分を勉強する人のための自習書でもある．高校の微積分の知識はいらないが，微積分以前の数学（代数や三角関数）は知っている方がよい．

　微分と積分は別のものではなく，ひとつのことのうらおもてである．だから本書では，その両方をはじめから並行する形であつかう．

　微積分を理解するためには，その《意味》を知ることがもちろん大事だが，それを使うためには，ある程度の慣れと技術的訓練が欠かせない．この本はそういう立場で書かれている．

　また，この本は必ずしも厳密な論理的推論にはこだわらず，数学的直観力をやしなうことを重視する．

　各章のおわりに練習問題がある．ぜひこれを解こうとしていただきたい．内容の理解が大幅にますだろう．なお，解けなかったときのために，巻末にすべての問題の完全な解答をつけた．

　下巻では級数，多変数関数の微積分およびベクトル解析をとりあげる予定であり，これで微積分入門が一応おわる．さらに深く微積分を勉強したい人には，『斎藤正彦 微分積分学』（東京図書）をおすすめする．

　なお，この本は，はじめ放送大学のテキストとして書かれたものである．

　　2002年10月

斎　藤　正　彦

目　　　　次

1　微積分とはどんなものか ……………………………………………………1
　1.1　直線の座標系 ………………………………………………………………1
　1.2　平面の座標系 ………………………………………………………………2
　1.3　座標系による図形の表現 …………………………………………………3
　1.4　空間の座標系 ………………………………………………………………4
　1.5　平均速度と瞬間速度 ………………………………………………………4
　1.6　接線の傾きとしての微分係数 ……………………………………………6
　1.7　面積と区分求積法・定積分 ………………………………………………7
　付録 A～C ………………………………………………………………………10

2　微分係数・導関数・原始関数 ………………………………………………13
　2.1　はじめに ……………………………………………………………………13
　2.2　微分係数 ……………………………………………………………………13
　2.3　導関数 ………………………………………………………………………15
　2.4　原始関数 ……………………………………………………………………16
　2.5　面積関数としての原始関数 ………………………………………………16

3　導関数・原始関数の計算(1) …………………………………………………22
　3.1　単項式 x^n の導関数・原始関数 ………………………………………22

3.2　和と定数倍の導関数・原始関数 …………………………23
　3.3　積と商の導関数 ……………………………………………26

4　導関数・原始関数の計算(2) ……………………………………31
　4.1　逆関数 ………………………………………………………31
　4.2　逆関数の導関数 ……………………………………………32
　4.3　合成関数の導関数 …………………………………………33
　4.4　置換積分法 …………………………………………………36

5　三角関数 ………………………………………………………38
　5.1　三角関数の復習 ……………………………………………38
　5.2　三角関数の導関数 …………………………………………40
　5.3　部分積分法 …………………………………………………43

6　逆三角関数 ……………………………………………………46
　6.1　逆三角関数 …………………………………………………46
　6.2　逆三角関数の導関数 ………………………………………47
　6.3　関数 $\arctan x$ の級数表示 ……………………………51

7　指数関数と対数関数(1) ………………………………………54
　7.1　指数関数 ……………………………………………………54
　7.2　対数関数 ……………………………………………………56
　7.3　対数関数の導関数 …………………………………………58

8　指数関数と対数関数(2) ………………………………………63
　8.1　指数関数の導関数 …………………………………………63
　8.2　対数関数 $\log(1+x)$ の級数表示 ……………………64
　8.3　部分分数分解 ………………………………………………66

9 定積分の応用(1) ……………………………………………………………… 69
9.1 区分求積法 …………………………………………………………………… 69
9.2 極 座 標 …………………………………………………………………… 70
9.3 極領域の面積 ………………………………………………………………… 72
9.4 回転図形の体積 ……………………………………………………………… 74
9.5 回転図形の表面積 …………………………………………………………… 76

10 定積分の応用(2) …………………………………………………………… 79
10.1 曲線の長さ …………………………………………………………………… 79
10.2 閉曲線の内部の面積 ………………………………………………………… 85

11 微積分の諸定理 …………………………………………………………… 90
11.1 連 続 関 数 …………………………………………………………………… 90
11.2 微分可能関数 ………………………………………………………………… 92
11.3 定 積 分 …………………………………………………………………… 95
11.4 広 義 積 分 …………………………………………………………………… 97

12 極大極小と最大最小 ……………………………………………………… 99
12.1 極大と極小 …………………………………………………………………… 99
12.2 最大と最小 …………………………………………………………………… 103

13 高 階 導 関 数 …………………………………………………………… 107
13.1 2階導関数と曲線の凹凸 …………………………………………………… 107
13.2 ニュートン法 ………………………………………………………………… 108
13.3 組合わせの数または二項係数 ……………………………………………… 110
13.4 高階導関数 …………………………………………………………………… 111

14 テイラーの定理と多項式近似 ……………………………114
14.1 テイラーの定理 ……………………………114
14.2 多項式による近似 ……………………………116

15 関数の極限・テイラー展開 ……………………………122
15.1 基本的な極限 ……………………………122
15.2 無限大・無限小の比較 ……………………………123
15.3 テイラー展開 ……………………………125

付録：曲率 ……………………………130

問題解答 ……………………………134

索引 ……………………………157

第1章

微積分とはどんなものか

1.1 直線の座標系

　空間の点にその《座標》と称する三つの数の組 (x, y, z) を対応させるということは、我々の生きている空間全部を数の世界に移してしまうことである．これはあまり当りまえのことと思えないが、自然科学や数学では日常的にそうやっている．

　直線からはじめよう．1本の直線を思いえがく．それの描像として、紙の上に1本の直線を（普通は水平に）描く．その上に相異なる二つの点を勝手にとり、左の点に0、右の点に1という名前をつける（図1.1）．これらの数はたとえば1は1メートルでも1センチでもなく、まして1グラムでも1秒でもなく、とりあえず単なる数1、いわゆる無名数である．

　これで直線の座標系が完成する．実際、右の方に0から1までの距離の2倍の点があるから、それを2と呼ぶ、その $\frac{1}{3}$ の距離の点が $\frac{2}{3}$ である．0より左の点はマイナスの数に対応する．

　こうして、すべての数(実数)が直線上にあり、逆に直線上のどの点にも名前、すなわち数が対応する．これが**実数直線**または**数直線**と呼ばれるものである．

図1.1

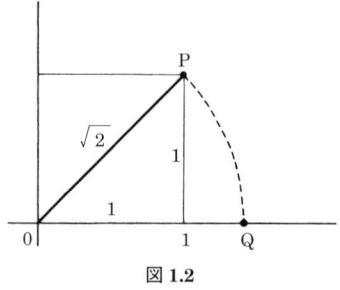

図 1.2

この直線にはたとえば $\sqrt{2}$ のような無理数も乗っている．実際，図 1.2 のような直角三角形を作ると，0 と点 P との距離はピタゴラスの定理によって $\sqrt{2}$ である．$\overline{\mathrm{OP}}$ を半径とする円を描いて，実数直線との交点を Q とすれば，$\overline{\mathrm{OP}}=\overline{\mathrm{OQ}}$ だから，点 Q には数 $\sqrt{2}$ が対応する．

さて，数（実数）は有理数と無理数とに分かれる．有理数というのは分数のことで，$1, \frac{1}{2}, -2, \frac{5}{3}$ などである．分数で表わされない数を無理数という．$\sqrt{2}$ が無理数であることを章末の付録 A で証明しておいた．

円周率 $\pi = 3.14159\cdots$ も無理数である（証明は難しい）．無理数はたくさんあり，有理数と互いに細かく入りまじっている．

1.2 平面の座標系

いま作った横たわる実数直線（x 軸）と，点 0 で直交する直線をかく（y 軸）．そこに x 軸と同じスケールで目盛りを入れれば，平面の（**直交**）**座標系**が完

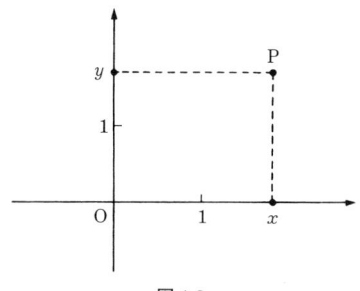

図 1.3

成する．二つの軸の交点を座標系の**原点**と言い，大文字の O で表わすことが多い．

平面の点 P に対し，P から x 軸に下した垂線の足の目盛りを x, y 軸に下した垂線の足の目盛りを y とし，点 P に二つの実数のペア (x, y) を対応させる（図 1.3）．(x, y) を点 P の**座標**という．点 $\mathrm{P}(x, y)$ という書きかたもする．

1.3 座標系による図形の表現

座標系を使うことによって，平面の幾何学的概念が解析的概念（数式で表わされる概念）に置きかえられ，その上に微積分が建設されることになる．

ひとつ例をあげよう．定直線 l への距離と，l 上にない定点 A への距離とが等しいような点 P の軌跡を**放物線**という（図 1.4）．これが放物線の純幾何学的な定義である．しかし，放物線という言葉から思うのは，むしろ $y = ax^2 + bx + c \, (a \neq 0)$ という式だろう．

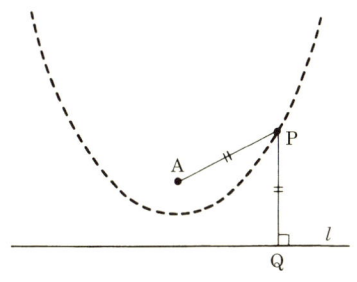

図 1.4

以下，幾何学的に定義された放物線が，適当な座標系を入れることによって，おなじみの 2 次式で表わされることを示そう．

定直線 l を x 軸とし，定点 A を通るように y 軸をとる（図 1.5）．A の座標を $(0, a)$，動点 P の座標を (x, y) とする．ピタゴラスの定理によって $\overline{\mathrm{PA}^2} = x^2 + (y-a)^2$ だから，

$$x^2 + (y-a)^2 = y^2$$

が成りたつ．これを整理すると

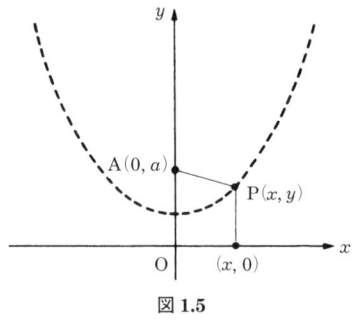

図 1.5

$$y = \frac{1}{2a}x^2 + \frac{a}{2}$$

となり，これはよく知られた放物線の式である．

もう少し複雑な楕円の例を，章末の付録 B で扱う．

1.4 空間の座標系

すでに座標系の入っている平面に直交して，原点 O から上の方に z 軸を立てれば空間の座標系ができる．図 1.6 で，x 軸や y 軸は原点から手前の方に出ていると見ていただきたい．一点 P の座標は三つの数の組 (x, y, z) である．

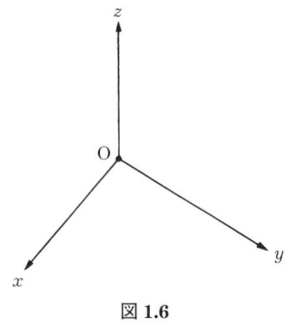

図 1.6

1.5 平均速度と瞬間速度

自動車を運転して，2 時間で 100 キロ走ったとしよう．スピードはどれだけか？ 当然，時速 50 キロということになるだろう．これは**平均速度**というも

のである．実際，自動車はもっと速く走っているときもあるし，信号で止まっていることもある．これをならしたものが平均速度である．

時間の変数を x，走行距離の変数を y とする．時刻 x_0 のときの位置を y_0，時刻 x のときの位置を y とすると，x_0 から x までの平均速度 v は

$$v = \frac{y - y_0}{x - x_0}$$

で表わされる．単位は都合のよいものを選べばよい．時間の単位を秒（second），長さの単位をメートルにとれば《秒速 v メートル》，これを v m/sec と書く．1時間すなわち 3600 秒とキロメートルをとれば《時速 v キロ》，これを v km/h と書く．

一方，自動車には速度計がついていて，50 km/h とか 60 km/h とかが表示され，針はつねに動いている．この速度は何か？　これが（近似的）瞬間速度なのだ．

このことについて考えるために，すいた道路で信号からゆっくり発進する状況を思い浮かべる．問題を具体的にするために，発進後 x 秒で x^2 メートル進むと仮定する．1秒で1メートル，2秒で4メートル，10秒で100メートル進む．この辺まではほぼ現実的だろう．しかし1分後には 3600 メートル，すなわち 3.6 キロも進むことになり，現実的でない．だから発進後10秒ぐらいまでを問題にする．

5秒後から10秒後までの平均速度 $v(5, 10)$ は

$$v(5, 10) = \frac{10^2 - 5^2}{10 - 5} = \frac{75}{5} = 15 \text{ m/sec} = 54 \text{ km/h}$$

である．5秒から6秒までなら，

$$v(5, 6) = \frac{6^2 - 5^2}{6 - 5} = 11 \text{ m/sec} = 39.6 \text{ km/h}.$$

この間隔を縮めていく．

$$v(5, 5.1) = \frac{5.1^2 - 5^2}{5.1 - 5} = 10.1 \text{ m/sec} = 36.36 \text{ km/h},$$

$$v(5, 5.01) = \frac{5.01^2 - 5^2}{5.01 - 5} = 10.01 \text{ m/sec},$$

$$v(5,\,5.001) = \frac{5.001^2 - 5^2}{5.001 - 5} = 10.001 \text{ m/sec.}$$

ここまで来れば見当がつくように，

$$v\left(5,\,5+\frac{1}{10^n}\right) = \frac{\left(5+\dfrac{1}{10^n}\right)^2 - 5^2}{\left(5+\dfrac{1}{10^n}\right) - 5} = \frac{\dfrac{2\cdot 5}{10^n} + \dfrac{1}{10^{2n}}}{\dfrac{1}{10^n}}$$

$$= 10 + \frac{1}{10^n} \text{ m/sec}$$

である．ここで n を限りなく大きくすれば，極限（limit）として 10 m/sec が得られる．これが発進 5 秒後の**瞬間速度**というものである．

一般に x 秒後の瞬間速度も計算できる．x 秒と $x+h$ 秒との間の平均速度は

$$v(x,\,x+h) = \frac{(x+h)^2 - x^2}{(x+h) - x} = \frac{2xh + h^2}{h} = 2x + h \text{ m/sec}$$

だから，h を限りなく 0 に近づけたときの極限として，$2x \text{ m/sec}$ が x 秒後の瞬間速度である．

いま書いてきたことが実はこれからやる微分法そのものなのである．

1.6 接線の傾きとしての微分係数

ここで，すでに用意してある座標平面に問題を移そう．

走行時間を x 軸に，走行距離を y 軸にとると，その関係は

$$y = x^2$$

という関数で表わされる．そのグラフはおなじみの放物線である．ただし，いまの状況設定だと y 軸の右側だけが問題になる．x 秒から $x+h$ 秒までの平均速度 $v(x,\,x+h)$ は，放物線上の 2 点 $\mathrm{P}(x,\,x^2)$ と $\mathrm{Q}(x+h,\,(x+h)^2)$ とを通る直線の傾き

$$\frac{(x+h)^2 - x^2}{(x+h) - x}$$

で表わされる（図 1.7）．

ここで h を限りなく 0 に近づけると，点 Q は点 P に限りなく近づき，直線

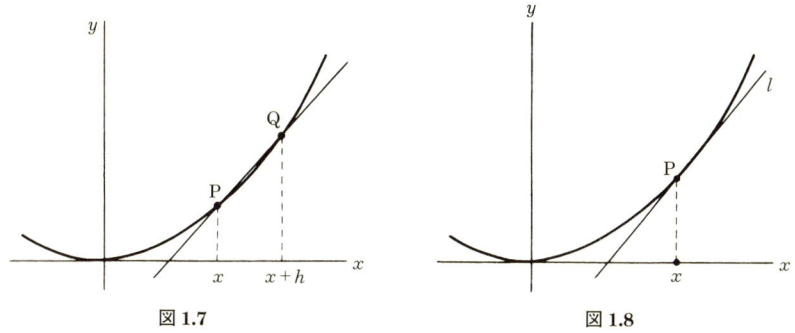

図 1.7   図 1.8

PQ は点 P での接線 l に限りなく近づく（図 1.8）．接線 l の傾きが点 P での瞬間速度を表わす．数学では，これを関数 $y = x^2$ の x での**微分係数**という．

つまり，この問題に限って言えば微分係数は瞬間速度であり，この問題に限らずに微分係数は接線の傾きである．

h は一般に正でも負でもよい．h が 0 に近づくことを $h \to 0$ と書く．$h \to 0$ のとき，

$$\frac{(x+h)^2 - x^2}{(x+h) - x} = \frac{2xh + h^2}{h} = 2x + h$$

は $2x$ に近づく．すなわち，x での微分係数は $2x$ である．このことを

$$\lim_{h \to 0} \frac{(x+h)^2 - x^2}{(x+h) - x} = \lim_{h \to 0} (2x + h) = 2x$$

と書く．略式に

$$2x + h \longrightarrow 2x \quad (h \to 0 \text{ のとき})$$

と書くこともある．

1.7 　面積と区分求積法・定積分

もう一度放物線 $y = x^2$ を考える．x が 0 から b まで動く区間 $0 \leqq x \leqq b$ をとり，そこで x 軸より上，放物線 $y = x^2$ より下にある部分 A の面積 S を求めよう．

まず区間を n 等分する．図 1.9 のように，各小区間の上に縦長の方形（これを短冊（タンザク）と言おう）を立てて，領域 A を覆う．短冊の面積の総

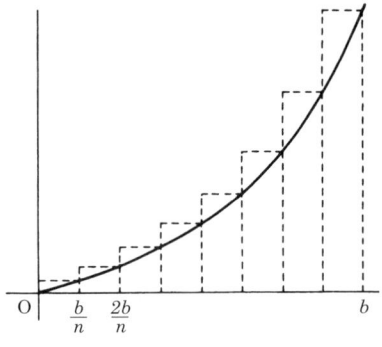

図 1.9

和 $T(n)$ は A の面積 S より大きい．第 k 番目の短冊の高さは $\left(\dfrac{kb}{n}\right)^2$ だから，その面積は $\dfrac{b}{n} \cdot \left(\dfrac{kb}{n}\right)^2 = \dfrac{b^3 k^2}{n^3}$ である．その総和 $T(n)$ は，

$$T(n) = \sum_{k=1}^{n} \dfrac{b^3 k^2}{n^3} = \dfrac{b^3}{n^3} \sum_{k=1}^{n} k^2$$
$$= \dfrac{b^3}{n^3}(1^2 + 2^2 + 3^2 + \cdots + n^2)$$

で与えられる．

さて，

$$\sum_{k=1}^{n} k^2 = 1^2 + 2^2 + \cdots + n^2 = \dfrac{1}{6} n(n+1)(2n+1)$$

という公式がある．念のために章末の付録 C で証明しておいた．これを使うと，

$$S \leqq T(n) = \dfrac{b^3}{n^3} \cdot \dfrac{1}{6} n(n+1)(2n+1) = \dfrac{b^3}{3}\left(1 + \dfrac{1}{n}\right)\left(1 + \dfrac{1}{2n}\right) \qquad (1)$$

となる．

つぎに，図 1.10 のように，今度は $y = x^2$ のグラフに頭を押さえられる形の短冊を作る．短冊は $n-1$ 個で，一番右の短冊の高さは $\left(\dfrac{b(n-1)}{n}\right)^2$ である．これらの短冊の面積の総和 $U(n)$ は求める面積 S より小さく，

$$U(n) = \sum_{k=1}^{n-1} \dfrac{b}{n}\left(\dfrac{bk}{n}\right)^2 = \dfrac{b^3}{n^3} \sum_{k=1}^{n-1} k^2$$

1.7 面積と区分求積法・定積分

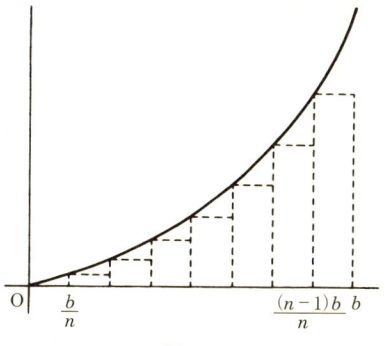

図 1.10

$$= \frac{b^3}{n^3}[1^2 + 2^2 + \cdots + (n-1)^2] = \frac{b^3}{n^3} \cdot \frac{1}{6}n(n-1)(2n-1)$$

$$= \frac{b^3}{3}\left(1 - \frac{1}{n}\right)\left(1 - \frac{1}{2n}\right) \leqq S \tag{2}$$

となる．不等式 (1) (2) を合わせると，

$$\frac{b^3}{3}\left(1 - \frac{1}{n}\right)\left(1 - \frac{1}{2n}\right) \leqq S \leqq \frac{b^3}{3}\left(1 + \frac{1}{n}\right)\left(1 + \frac{1}{2n}\right)$$

である．ここで n を限りなく大きくすると，$\frac{1}{n}$ は限りなく 0 に近づくから，その極限として

$$\frac{b^3}{3} \leqq S \leqq \frac{b^3}{3}$$

すなわち $S = \frac{b^3}{3}$ という結果が得られた．ここで，極限移行に際して不等式の向きが変らないことを使った．この論法を《**挟みうちの原理**》という．

以上が**区分求積法**と呼ばれるものであるが，実はこれこそ**定積分**にほかならない．上の結果を

$$\int_0^b x^2 dx = \frac{b^3}{3}$$

と書く．

しかし，関数ごとにこんな面倒なことをやるのは得策でない．もっと一般的な積分の理論を知ることにより，自由な面積計算の道がひらける．

これまでの話だと，接線の傾きを表わす微分係数と，面積を表わす定積分の間には，何の関係もないように見える．ところが実はこの二つには密接な関係があり，微分法と積分法とは，ひとつのことがらを表裏から見たものであることがわかる．つぎの第 2 章でそれを解説する．

付録 A $\sqrt{2}$ が無理数であることの証明

かりに $\sqrt{2}$ が分数で表わされたと仮定して矛盾を導く．この論法を**背理法**という．さて $\sqrt{2} = \dfrac{b}{a}$ としよう．a，b は自然数で，共通の約数をもたないとする（もしあったら約分してしまう）．両辺を 2 乗すると $2 = \dfrac{b^2}{a^2}$ だから $2a^2 = b^2$．したがって b^2 は偶数である．もし b が奇数なら $b = 2c + 1$（c は 0 または自然数）と書けるから，$b^2 = 4c^2 + 4c + 1$ となり，奇数である．いま b^2 は偶数だから b も偶数でなければならない（ここでも背理法を使った）．したがって $b = 2c$（c は自然数）と書ける．$2a^2 = b^2 = 4c^2$ だから $a^2 = 2c^2$．よって a^2 は偶数である．b のときと同じ理由で a も偶数である．a と b とは共通の約数をもたないと仮定してあったのに，両方とも 2 で割れることになってしまった．こうして，$\sqrt{2}$ が有理数だという仮定から矛盾が導かれた．したがって $\sqrt{2}$ は無理数である．□

付録 B 二つの定点からの距離の和が一定であるような点の軌跡を**楕円**という．これが周知の方程式

$$\frac{x^2}{a^2} + \frac{y^2}{b^2} = 1 \quad (a,\ b > 0)$$

をみたすことを示す．

二つの定点を結ぶ直線を x 軸とし，2 定点の中点を原点として座標系を定める．2 定点の座標を $\mathrm{A}(c, 0), \mathrm{B}(-c, 0)$ とする（図 1.11）．動点 $\mathrm{P}(x, y)$ から A, B への距離の和を $2d$ とすると $2c < 2d$，すなわち

$$c < d$$

が成りたつ．

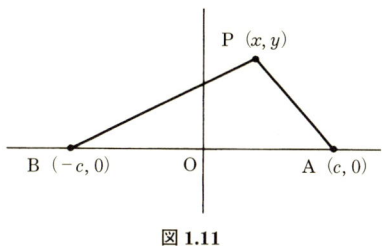

図 1.11

ピタゴラスの定理により，
$$\overline{\mathrm{PA}} = \sqrt{(x-c)^2 + y^2}, \quad \overline{\mathrm{PB}} = \sqrt{(x+c)^2 + y^2}$$
だから，楕円の定義により，
$$\sqrt{(x-c)^2 + y^2} + \sqrt{(x+c)^2 + y^2} = 2d$$
が成りたつ．左辺の第 1 項を右辺に移してから両辺を 2 乗すると，
$$(x+c)^2 + y^2 = 4d^2 + (x-c)^2 + y^2 - 4d\sqrt{(x-c)^2 + y^2}$$
となる．これを整理すると
$$d\sqrt{(x-c)^2 + y^2} = d^2 - cx$$
となるから，もう一度両辺を 2 乗すると，
$$d^2(x-c)^2 + d^2 y^2 = d^4 - 2d^2 cx + c^2 x^2$$
となる．これを整理すると，
$$(d^2 - c^2)x^2 + d^2 y^2 = d^2(d^2 - c^2).$$
$0 < c < d$ だから，
$$\frac{x^2}{d^2} + \frac{y^2}{\sqrt{d^2 - c^2}^2} = 1$$
となり，《楕円の方程式》が得られた．□

付録 C　つぎの公式を証明する：
$$\sum_{k=1}^{n} k^2 = 1^2 + 2^2 + \cdots + n^2 = \frac{1}{6} n(n+1)(2n+1).$$
証明は数学的帰納法による．記述を簡潔にするために，
$$S(n) = \frac{1}{6} n(n+1)(2n+1)$$

と書く．n が 1 のときは両辺とも 1 であり，結果は正しい．念のために n を 2 とすると，$\sum_{k=1}^{2} k^2 = 1^2 + 2^2 = 5$，$S(2) = \dfrac{1}{6} \cdot 2 \cdot 3 \cdot 5 = 5$ で，正しい．

さて，n のときに正しいと仮定して，$n+1$ のときに正しいことを示す．

$$\sum_{k=1}^{n+1} k^2 = \sum_{k=1}^{n} k^2 + (n+1)^2 = \frac{1}{6} n(n+1)(2n+1) + (n+1)^2$$

$$= \frac{1}{6}(n+1)[n(2n+1) + 6(n+1)]$$

$$= \frac{1}{6}(n+1)(2n^2 + 7n + 6)$$

$$= \frac{1}{6}(n+1)(n+2)(2n+3)$$

$$= \frac{1}{6}(n+1)[(n+1)+1][2(n+1)+1]$$

$$= S(n+1)$$

となり，$n+1$ のときも正しいことが示された．数学的帰納法の原理により，あらゆる自然数 n に対して $\sum_{k=1}^{n} k^2 = S(n)$ が成りたつことが証明された．□

第2章

微分係数・導関数・原始関数

2.1 はじめに

前章でも述べたように,物理現象を扱う場合でも,紙の上で仕事ができるように,ものごとを数学化しなければならない.その際に決定的なのは座標の概念である.1変数の関数ならば,独立変数 x の横座標と,関数(従属変数ということもある)$y = f(x)$ の縦座標によって,扱う対象を紙の上に表わすことができる.

また,変数や関数の種類,すなわち時間とか距離とか温度とかも無視して,単に実数を動く変数として扱う.当然,秒・時間・メートルなどの単位は取り除かれ,すべてはいわゆる無名数になる.

このように抽象化することによって,どんな現象の解析にも使える理論を作るのが数学の特色である.

2.2 微分係数

関数 $y = f(x)$ のグラフを考えよう.x 軸上に二つの点 x と $x+h$ をとる(図 2.1(a)).h は正でも負でもよいが,0 ではいけない.曲線 $y = f(x)$ 上の2点 $P(x, f(x))$ と $Q(x+h, f(x+h))$ を通る直線を考える.この直線の傾きは

$$\frac{f(x+h) - f(x)}{(x+h) - x} = \frac{f(x+h) - f(x)}{h}$$

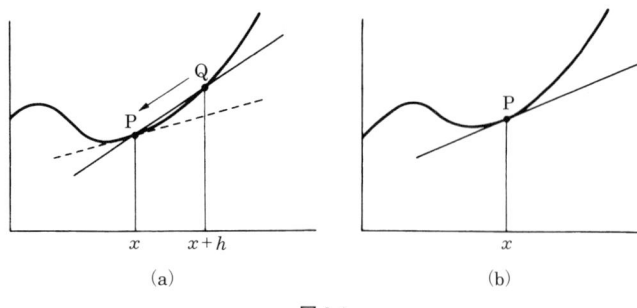

図 2.1

である．

ここで h を 0 に限りなく近づけると，直線は h とともに動いて，点 $P(x, f(x))$ での接線に限りなく近づく．そのときの傾きの極限値を

$$\lim_{h \to 0} \frac{f(x+h) - f(x)}{h}$$

と書き，関数 $y = f(x)$ の，点 x での**微分係数**という．すなわち，**微分係数は接線の傾きである**（図 2.1(b)）．これを $f'(x)$ と書く：

$$f'(x) = \lim_{h \to 0} \frac{f(x+h) - f(x)}{h}$$

例 2.1 1) $f(x) = x^2 - 3x + 5$ のとき，

$$f(x+h) - f(x) = [(x+h)^2 - 3(x+h) + 5] - [x^2 - 3x + 5]$$
$$= 2xh + h^2 - 3h$$

だから，

$$\frac{f(x+h) - f(x)}{h} = 2x + h - 3.$$

したがって

$$f'(x) = \lim_{h \to 0} (2x + h - 3) = 2x - 3.$$

同じことをもっと簡潔に

$$\frac{f(x+h) - f(x)}{h} = 2x + h - 3 \longrightarrow 2x - 3 \quad (h \to 0 \text{ のとき})$$

と書くこともある．

2) $f(x) = \sqrt{x} \ (x > 0)$ ならば，$|h| < x$ なる h をとると，

$$f(x+h) - f(x) = \sqrt{x+h} - \sqrt{x}$$
$$= \frac{(\sqrt{x+h} - \sqrt{x})(\sqrt{x+h} + \sqrt{x})}{\sqrt{x+h} + \sqrt{x}}$$
$$= \frac{x+h-x}{\sqrt{x+h}+\sqrt{x}} = \frac{h}{\sqrt{x+h}+\sqrt{x}}$$

だから,
$$\frac{f(x+h)-f(x)}{h} = \frac{1}{\sqrt{x+h}+\sqrt{x}} \longrightarrow \frac{1}{2\sqrt{x}} \quad (h \to 0 \text{ のとき})$$

となる.すなわち, $f'(x) = \dfrac{1}{2\sqrt{x}}$.

しかし,個々のケースにこういう計算をするのは能率が悪い.式を見ただけで機械的に微分係数が計算できる方がよい.つぎの章からその訓練をする.

2.3 導関数

関数 $y = f(x)$ が各点 x で微分係数をもつとき,この関数は**微分可能**であるという.そして,各 x に対して $f'(x)$ を対応させる関数 $y' = f'(x)$ を,もとの関数 $y = f(x)$ の**導関数**という. f から f' を求めることを**微分する**という.例 2.1 の関数で言えば, $y = x^2 - 3x + 5$ の導関数は $y' = 2x - 3$ であり, $y = \sqrt{x}$ $(x > 0)$ の導関数は $y' = \dfrac{1}{2\sqrt{x}}$ である.

例 2.2 関数 $y = f(x) = \dfrac{1}{x}$ $(x \neq 0)$ の導関数を求めよう.図 2.2 のように,

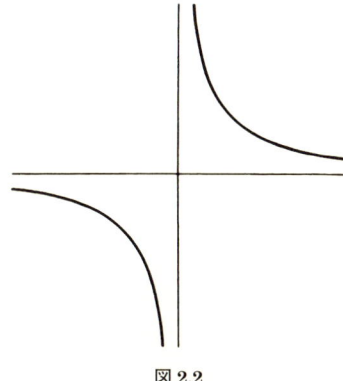

図 2.2

この関数は双曲線を表わす．

$$f(x+h) - f(x) = \frac{1}{x+h} - \frac{1}{x} = \frac{x-(x+h)}{x(x+h)} = \frac{-h}{x(x+h)}$$

だから，

$$\frac{f(x+h) - f(x)}{h} = -\frac{1}{x(x+h)} \longrightarrow -\frac{1}{x^2} \quad (h \to 0 \text{ のとき})$$

すなわち $y' = f'(x) = -\dfrac{1}{x^2}$ となる． □

2.4 原始関数

関数 $y = f(x)$ を微分したものが導関数 $y' = f'(x)$ だった．このとき，逆に $y = f(x)$ を $y' = f'(x)$ の**原始関数**または**不定積分**といい，

$$f(x) = \int f'(x) dx$$

と書く．原始関数を求めることを**積分する**という．はじめの例でいえば，

$$x^2 - 3x + 5 = \int (2x - 3) dx$$

となるが，左辺の 5 は意味がなく，任意の数 C に対して

$$(x^2 - 3x + C)' = 2x - 3, \quad x^2 - 3x + C = \int (2x - 3) dx$$

が成りたつ．この C を**積分定数**という．不定積分ということばは，この C が不定であることから出た．

例 2.1 の 2) について言えば，正の x に対して

$$(\sqrt{x})' = \frac{1}{2\sqrt{x}}, \quad \sqrt{x} + C = \int \frac{1}{2\sqrt{x}} dx.$$

2.5 面積関数としての原始関数

図 2.3 の状況を考える．曲線は $y = f(x)$ のグラフである．x 軸上に一点 a を固定し，a から x までの部分，すなわち図の斜線の部分の面積を $F(x)$ とする．その右のタテ長の部分，すなわち x と $x+h$ の間の面積は $F(x+h) - F(x)$ である．この面積は，幅が h で高さがそれぞれ $f(x)$, $f(x+h)$ の長方形

2.5 面積関数としての原始関数

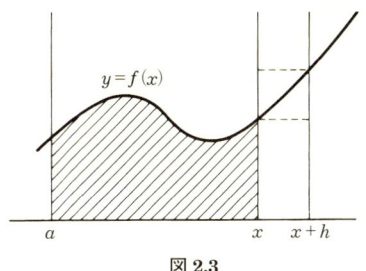

図 2.3

の面積の中間の値である．すなわち，
$$hf(x) \leq F(x+h) - F(x) \leq hf(x+h)$$
である．いま $h > 0$ だから両辺を h で割ると，
$$f(x) \leq \frac{F(x+h) - F(x)}{h} \leq f(x+h).$$
ここで h を 0 に近づけると，$f(x+h)$ は $f(x)$ に近づく（関数 $f(x)$ の連続性）．h を動かしても，上の不等式はつねに成りたつから，《挟みうちの原理》によって
$$F'(x) = \lim_{h \to 0} \frac{F(x+h) - F(x)}{h} = f(x)$$
となる．すなわち，**面積関数 $F(x)$ はもとの関数 $f(x)$ の原始関数**である．点 a を変えれば，$F(x)$ は定数だけ変り，やはり $f(x)$ の原始関数である．

図 2.2 は典型的な場合である．$y = f(x)$ のグラフが x 軸より下にきたら面積に符号マイナスをつけたものが出るし，また点 x が a より左にあるときも，面積にマイナスをつけたものが出る．

図 2.3 の場合の $F(x)$ は，a と x の間の部分の面積だから，これを
$$F(x) = \int_a^x f(x)dx$$
と書く．x のかわりに b と書いて定数扱いすれば
$$\int_a^b f(x)dx$$
となる．これは不定の要素を含まない一つの数なので，関数 $f(x)$ の a から b

までの**定積分**という．$f(x)$ のどんな原始関数 $F(x)$ に対しても

$$F(b) - F(a) = \int_a^b f(x)dx$$

が成りたつ．

以上のことをまとめるとつぎのようになる．

定理 2.1 $a \leqq x \leqq b$ での連続関数 $y = f(x)$ があって，つねに $f(x) \geqq 0$ とする．a と b の間で，$y = f(x)$ のグラフと x 軸とに挟まれる部分の面積は定積分

$$\int_a^b f(x)dx$$

で与えられる．□

この定理を使うためには，与えられた関数 $f(x)$ の原始関数を求める技術，すなわち不定積分の技法を知らなければならない．これからそれを学んでいくが，一般にそれは関数を微分することよりずっと難しい．しかし，微分と積分とは互いに逆の演算だから，微分法の公式はすべて不定積分の公式でもある．

例 2.3 $x > 0$ での関数 $y = \dfrac{1}{x^2}$ のグラフは大体図 2.4 のとおりである．x が限りなく大きくなるとき（これを $x \to +\infty$ と書く），グラフの曲線は限りなく x 軸に近づく，また，x が右から限りなく 0 に近づくとき（これを $x \to +0$ と書く），グラフの曲線は限りなく大きくなって y 軸に近づく．

$1 \leqq x \leqq b$ での，曲線と x 軸とに挟まれる部分の面積を求めよう．

$f(x) = \dfrac{1}{x^2}$ の不定積分は学んでいない．しかし，例 2.2 で関数 $\dfrac{1}{x}$ の導関数が

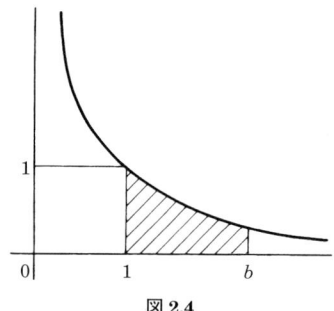

図 2.4

$-\frac{1}{x^2}$ になることをすでに知っている．だから，$\frac{1}{x^2}$ の不定積分が $-\frac{1}{x}$ になるのではないかと思ってもよいだろう．そこで $F(x) = -\frac{1}{x}$ として導関数を計算してみる．

$$\frac{F(x+h) - F(x)}{h} = \frac{1}{h}\left[-\frac{1}{x+h} + \frac{1}{x}\right]$$

$$= \frac{1}{h} \cdot \frac{-x + (x+h)}{x(x+h)}$$

$$= \frac{1}{x(x+h)} \longrightarrow \frac{1}{x^2} \quad (h \to 0 \text{ のとき})$$

となり，期待どおり

$$\int \frac{1}{x^2} dx = -\frac{1}{x} + C$$

が証明された．実はつぎの章で示すように，任意の関数 $f(x)$ と任意の定数 a に対して，関数 $af(x)$ の導関数は $af'(x)$ となるので，上の計算は不要になる．

さて，求める面積を $S(b)$ と書くと，

$$S(b) = \int_1^b \frac{1}{x^2} dx = -\frac{1}{b} + 1$$

となって答えが得られた．この式を

$$S(b) = \int_1^b \frac{dx}{x^2} = \left[-\frac{1}{x}\right]_1^b = -\frac{1}{b} + 1$$

のように書くこともある．

$S(b) = -\frac{1}{b} + 1$ で b を限りなく大きくしてみよう．$b \to +\infty$ のとき $\frac{1}{b} \to +0$ だから，

$$\lim_{b \to +\infty} S(b) = 1$$

が得られる．このことを

$$\int_1^{+\infty} \frac{dx}{x^2} = 1$$

と書く．これは，x が 1 より右の方全部を動くときの，曲線 $y = \frac{1}{x^2}$ と x 軸とに挟まれる部分の《面積》を表わす（図 2.5）．限りなく拡がった領域（非有

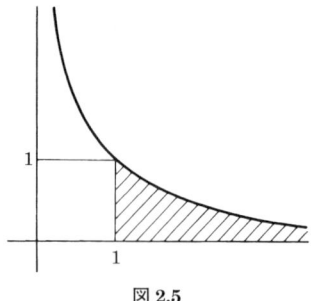

図 2.5

界領域という)の《面積》というものをこうして定義するのである.

問題 2.1

1) 微分係数の定義に従って,関数 $f(x) = x^2$ の導関数を求めよ.
2) 放物線 $y = x^2$ の点 (p, p^2) での接線の方程式を求めよ.

問題 2.2

1) $f(x) = x^3$ の導関数を求めよ.
2) 図 2.6 の曲線は放物線 $y = x^2$ である.図のなかの斜線領域 A の面積を求めよ.式で書けば,A は $a \leqq x \leqq b$,$0 \leqq y \leqq x^2$ なる点 (x, y) の全体である.

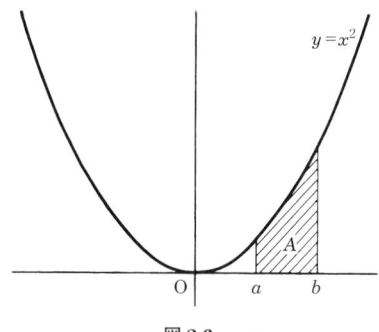

図 2.6

3) 図2.7のように，放物線 $y=x^2$ の一点 (p, p^2) で接線を引く．図の斜線の部分の面積を求めよ．

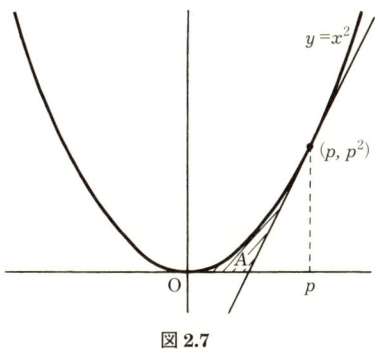

図 2.7

第3章

導関数・原始関数の計算(1)

3.1 単項式 x^n の導関数・原始関数

$y = f(x) = x^n$ ($n = 0, 1, 2, \cdots$) とする．規約によって $x^0 = 1$ である．このとき，$f(x+h) - f(x) = 1 - 1 = 0$ だから $f'(x) = 0$，すなわち定数関数の導関数は 0（恒等的に 0 である関数）である．

$n = 1$ なら $f(x) = x$ で，
$$\frac{f(x+h) - f(x)}{h} = \frac{(x+h) - x}{h} = 1$$
だから $f'(x) = 1$．

$n = 2$ なら $f(x) = x^2$ で，
$$\frac{f(x+h) - f(x)}{h} = \frac{(x+h)^2 - x^2}{h} = \frac{2xh + h^2}{h} = 2x + h \longrightarrow 2x$$
$$(h \to 0 \text{ のとき}).$$
したがって $f'(x) = 2x$．

$n = 3$ なら $f(x) = x^3$ で，
$$(x+h)^3 - x^3 = 3x^2 h + 3xh^2 + h^3$$
だから，
$$f'(x) = \lim_{h \to 0} (3x^2 + 3xh + h^2) = 3x^2.$$

ここまでのことから，x^n の導関数は nx^{n-1} であることが予想される．これ

を数学的帰納法で証明しよう．$(x^n)' = nx^{n-1}$ と仮定して x^{n+1} の導関数が $(n+1)x^n$ であることを示せばよい．

$$(x+h)^{n+1} - x^{n+1} = (x+h)^n(x+h) - x^{n+1} - x^n h + x^n h$$
$$= (x+h)^n(x+h) - x^n(x+h) + x^n h$$
$$= [(x+h)^n - x^n](x+h) + x^n h$$

だから，

$$\frac{(x+h)^{n+1} - x^{n+1}}{h} = \frac{(x+h)^n - x^n}{h}(x+h) + x^n$$
$$\longrightarrow nx^{n-1} \cdot x + x^n = (n+1)x^n \quad (h \to 0 \text{ のとき})$$

となって $(x^{n+1})' = (n+1)x^n$ が示された．

以上でつぎの基本公式が得られた．

A) $(x^0)' = 0, \ (x^n)' = nx^{n-1} \quad (n = 1, 2, \cdots)$

B) $\int x^n dx = \dfrac{1}{n+1} x^{n+1} \quad (n = 0, 1, 2, \cdots)$

3.2　和と定数倍の導関数・原始関数

定理 3.1　1)　$f(x) + g(x)$ の導関数は $f'(x) + g'(x)$ である．
2)　c が定数なら，$cf(x)$ の導関数は $cf'(x)$ である．

証明　1)　$\dfrac{[f(x+h) + g(x+h)] - [f(x) + g(x)]}{h}$
$= \dfrac{f(x+h) - f(x)}{h} + \dfrac{g(x+h) - g(x)}{h}$
$\longrightarrow f'(x) + g'(x) \quad (h \to 0 \text{ のとき})$．

2)　$\dfrac{cf(x+h) - cf(x)}{h} = c \dfrac{f(x+h) - f(x)}{h}$
$\longrightarrow cf'(x) \quad (h \to 0 \text{ のとき})$．□

見方を変えればつぎの定理になる．

定理 3.2　1)　$\int (f(x) + g(x)) dx = \int f(x) dx + \int g(x) dx,$

2)　$\int cf(x) dx = c \int f(x) dx.$

ただし,不定積分の記号は,定数の違いだけの不定性があることを忘れずに.

この定理から,面積に関するつぎの定理が得られる.

定理 3.3 $a \leq x \leq b$ での二つの連続関数 $y = f(x)$, $y = g(x)$ があって,つねに $f(x) \geq g(x)$ とする. a と b の間で,$y = f(x)$ のグラフと $y = g(x)$ のグラフとに挟まれる部分(こういう領域を**タテ線領域**という)の面積は,定積分

$$\int_a^b f(x)dx - \int_a^b g(x)dx = \int_a^b [f(x) - g(x)]dx$$

で与えられる(図 3.1).

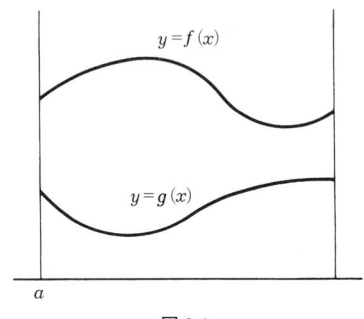

図 3.1

証明 図形を上下に動かしても面積は変らないから,必要なら定数 M を足して,$y = f(x) + M \geq 0$, $y = g(x) + M \geq 0$ とする.定理 2.1 により,a と b の間で $y = f(x) + M$ のグラフと x 軸とに挟まれる部分の面積は $\int_a^b [f(x) + M]dx$ である.$y = g(x) + M$ についても同様に,そのグラフと x 軸との間にある部分の面積は $\int_a^b [g(x) + M]dx$ である.求める面積 S はこの二つの面積の差だから,

$$S = \int_a^b [f(x) + M]dx - \int_a^b [g(x) + M]dx$$

$$= \int_a^b f(x)dx + \int_a^b M dx - \int_a^b g(x)dx - \int_a^b M dx$$

$$= \int_a^b f(x)dx - \int_a^b g(x)dx = \int_a^b [f(x) - g(x)]dx. \quad \square$$

3.2 和と定数倍の導関数・原始関数

以上で,多項式は自由に微分したり積分したりできることになった.

例 3.1 1) $(x^4 + x^2 + 1)' = 4x^3 + 2x$.

2) $\left(x^3 + 2x^2 + 3x + 4 + \dfrac{1}{x}\right)' = 3x^2 + 4x + 3 - \dfrac{1}{x^2}$.

3) $\displaystyle\int (x^2 + 1)\,dx = \dfrac{1}{3}x^3 + x + C$.

4) $\displaystyle\int (x^4 + x^2 + 1)\,dx = \dfrac{1}{5}x^5 + \dfrac{1}{3}x^3 + x + C$.

C は積分定数であるが,今後は積分公式のなかの積分定数の記号 C を省略することにする.

例 3.2 3次曲線 $y = x^3 - x^2 + 2x$ のグラフの,x 座標が 1 である点での接線(の方程式)を求めよ.さらに,これに平行な接線がもう 1 本引けることを確かめ,その接点を求めよ.

解 $f(x) = x^3 - x^2 + 2x$ とすると $f'(x) = 3x^2 - 2x + 2$.$f(1) = 2$ だから接点は $(1, 2)$ である.一般に点 (a, b) を通る,傾き k の直線の方程式は
$$y - b = k(x - a)$$
である.いま $k = f'(1) = 3$ だから,$(1, 2)$ での接線の方程式は $y - 2 = 3(x - 1)$,すなわち
$$y = 3x - 1$$
である(図 3.2).

つぎにこれと平行な接線を求めるために,$f'(x) = 3$ すなわち $3x^2 - 2x + 2 = 3$ を解くと,二つの解 1 と $-\dfrac{1}{3}$ が得られる.よってもう 1 本の接線の接点は
$$\left(-\dfrac{1}{3},\ f\left(-\dfrac{1}{3}\right)\right) = \left(-\dfrac{1}{3},\ -\dfrac{22}{27}\right)$$
である.

例 3.3 放物線 $y = x^2 - 2x - 3$ と x 軸とが囲む部分の面積を求めよ.

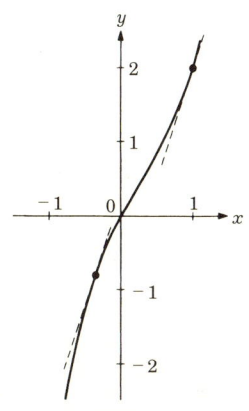

図 3.2

解 まず略図（図 3.3）を書く.
$$y = (x+1)(x-3)$$
だから，-1 と 3 の間でグラフは x 軸より下にある．だから面積 S は符号を反対にして，

$$S = -\int_{-1}^{3}(x^2 - 2x - 3)\,dx$$
$$= -\left[\frac{1}{3}x^3 - x^2 - 3x\right]_{-1}^{3} = \frac{32}{3}.$$

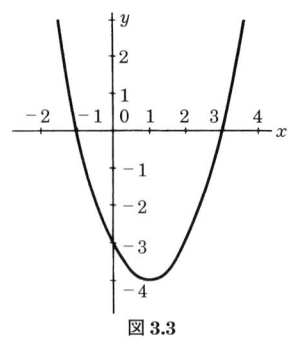

図 3.3

記号 $\left[F(x)\right]_a^b$ は $F(b) - F(a)$ を意味する.

3.3 積と商の導関数

関数 $f(x)$ の変数 x を省略して，単に f と書くこともある．

定理 3.4 $(fg)' = f'g + fg'$.

証明 $f(x+h)g(x+h) - f(x)g(x)$
$= [f(x+h)g(x+h) - f(x)g(x+h)] + [f(x)g(x+h) - f(x)g(x)]$
$= [f(x+h) - f(x)]g(x+h) + f(x)[g(x+h) - g(x)]$

だから，$h \to 0$ のとき，

$$\frac{f(x+h)g(x+h) - f(x)g(x)}{h}$$
$$= \frac{f(x+h) - f(x)}{h}g(x+h) + f(x)\frac{g(x+h) - g(x)}{h}$$
$$\longrightarrow f'(x)g(x) + f(x)g'(x). \quad \square$$

例 3.4 $f(x) = (x^n + a)(x^m + b)$（$n, m$ は自然数）なら，
$$f'(x) = nx^{n-1}(x^m + b) + mx^{m-1}(x^n + a).$$

定理 3.5 $g(x) \neq 0$ のとき，
$$\left(\frac{f}{g}\right)' = \frac{f'g - fg'}{g^2}.$$

証明 $h(x) = \dfrac{f(x)}{g(x)}$ とすると，$f = gh$ だから，前定理によって，
$f' = g'h + gh'$，すなわち

3.3 積と商の導関数

$$h' = \frac{f' - g'h}{g} = \frac{f'g - fg'}{g^2}. \quad \square$$

系 $\left(\dfrac{1}{g}\right)' = -\dfrac{g'}{g^2}.$

この定理により，どんな有理関数（分母・分子とも多項式であるような分数関数のこと）でも，その導関数が計算できる．

例 3.5 $n = 1, 2, 3, \cdots$ のとき，

$$\left(\frac{1}{x^n}\right)' = -\frac{n}{x^{n+1}}.$$

実際，系によって $\left(\dfrac{1}{x^n}\right)' = -\dfrac{nx^{n-1}}{x^{2n}} = -\dfrac{n}{x^{n+1}}.$ $\square$

ここで $\dfrac{1}{x^n} = x^{-n}$ を思いだすと，この結果は $(x^{-n})' = -nx^{-n-1}$ と書けるから，結局すべての整数 $n = 0, \pm 1, \pm 2, \cdots$ に対して

$$(x^n)' = nx^{n-1}$$

という一つの公式が適用されることが分かった．これを逆に見ると，$n \neq -1$ に対して

$$\int x^n dx = \frac{x^{n+1}}{n+1} \quad (n \neq -1)$$

という基本的な積分公式が得られたことになる．ここで欠けている $n = -1$ の場合，すなわち $\int \dfrac{dx}{x}$ は第 7 章で解説する．

こうして，有理関数は簡単に微分できることになったが，積分する方は少しも簡単でない．基本的なものから順に学んでいくことにする．

例 3.6 1) $\left(\dfrac{x^2+1}{x+1}\right)' = \dfrac{2x(x+1) - (x^2+1)}{(x+1)^2} = \dfrac{x^2 + 2x - 1}{(x+1)^2}.$

2) $\left(\dfrac{x+1}{x^2+1}\right)' = \dfrac{(x^2+1) - 2x(x+1)}{(x^2+1)^2} = \dfrac{-x^2 - 2x + 1}{(x^2+1)^2}.$

例 3.7 第 2, 3 章の応用として，2 本の放物線

$$y = x^2 - 2x + 3 \tag{1}$$

$$y = -x^2 + 2x - 1 \tag{2}$$

に共通の接線が2本引けることを示し，その接点と方程式とを求めてみよう．

まず概略の図を書く．二つの放物線は

$$y = (x-1)^2 + 2 \tag{1}$$

$$y = -(x-1)^2 \tag{2}$$

と書けるから，ほぼ図 3.4 のような図がかけ，共通接線が 2 本引けそうだということが分かる．そのうちの 1 本の，(1) との接点を (p, q) とし，(2) との接点を (r, s) とする．もちろん

$$q = p^2 - 2p + 3, \quad s = -r^2 + 2r - 1 \tag{3}$$

であり，この共通接線の傾き k は

$$k = \frac{q-s}{p-r} \tag{4}$$

である．一方，点 (p, q) での放物線(1)の傾きは，$y' = 2x - 2$ だから $2p - 2$ であり，点 (r, s) での放物線(2)の傾きは，$y' = -2x + 2$ だから $-2r + 2$ である．共通接線の傾き k はこれら二つの傾きと一致しなければならないから，

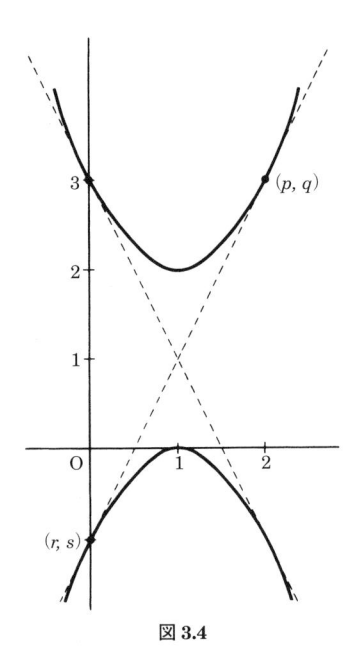

図 3.4

$$\frac{q-s}{p-r} = 2p - 2 = -2r + 2 \tag{5}$$

が成りたつ．ここに(3)を代入し，さらに $r = -p + 2$ を入れて p だけの式にすると，

$$\begin{aligned}
\frac{q-s}{p-r} &= \frac{(p^2 - 2p + 3) - (-r^2 + 2r - 1)}{p - r} \\
&= \frac{(p^2 - 2p + 3) - [-(-p+2)^2 + 2(-p+2) - 1]}{p - (-p+2)} \\
&= \frac{2p^2 - 4p + 4}{2p - 2} = \frac{p^2 - 2p + 2}{p - 1}
\end{aligned}$$

となる．(5)によれば，これが $2p - 2$ と等しいのだから，

$$\frac{p^2 - 2p + 2}{p - 1} = 2p - 2.$$

これから $(p^2 - 2p + 2) = (2p - 2)(p - 1)$ となり，結局 $p^2 - 2p = 0$ を得る．したがって p として2と0が得られる．$p = 2$ なら $r = 0$，$p = 0$ なら $r = 2$ であり，どちらの場合も $q = 3, s = -1$ である．

結論：共通接線は2本存在する．それらを (l_1), (l_2) とすると，(l_1) の(1)との接点は $(2, 3)$, (2)との接点は $(0, -1)$ であり，方程式は $y = 2x - 1$ である．(l_2) の(1)との接点は $(0, 3)$, (2)との接点は $(2, -1)$ であり，方程式は $y = -2x + 3$ である．

問題 3.1 つぎの関数の導関数を求めよ．

1) $\dfrac{x-2}{x+3}$　　2) $\dfrac{x^3-1}{x^2+1}$　　3) $\dfrac{x^2+x+1}{(x-1)^2}$　　4) $\dfrac{1}{x^3+1}$

問題 3.2 つぎの関数の原始関数を求めよ．

1) $x^3 - 2x + 4$　　2) $x^3 + x^2 - 2x + 3$　　3) $x^4 + x^2 + 2$

4) $3x^2 - \dfrac{1}{x^2}$　　5) $x - \dfrac{2}{x^3} + \dfrac{1}{x^4}$

問題 3.3 3次曲線 $y = ax^3 + bx^2 + cx + d$ がある．この曲線は点 $(1, 1)$ を通り，そこでの接線の傾きは3である．また，この曲線は $(-1, 1)$ を通り，そこでの接線の傾きは -1 である．係数 a, b, c, d を確定せよ．

問題 3.4 1) 曲線 $y = x^4$ と直線 $y = x$ とで囲まれる部分の面積を求めよ．

2) 放物線 $y = x^2 + 1$ の $x > 0$ の部分に，原点を通る接線を引く（図 3.5）．斜線部分の面積を求めよ．

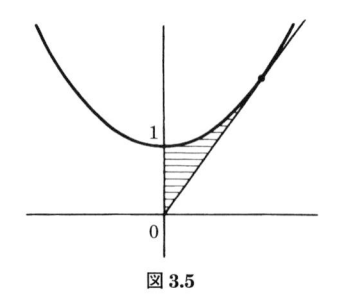

図 3.5

問題 3.5 1) 曲線 $y = x^3$ の，点 $(1, 1)$ での接線は，もう一度 $y = x^3$ と交わる．その点 (a, b) を求めよ．

2) 2点 (a, b), $(1, 1)$ の間で，$y = x^3$ と上記の接線との囲む領域の面積を求めよ．

第4章

導関数・原始関数の計算(2)

4.1 逆 関 数

関数 $y = f(x)$ があり，$x_1 < x_2$ なら $f(x_1) < f(x_2)$ となるとき，すなわちグラフが右あがりのとき（図 4.1），関数 $y = f(x)$ は**単調増加**であるという．反対に，つねに右さがりの関数を**単調減小**，両方あわせて**単調関数**という．たとえば，$y = x^3$ は単調増加だが，$y = x^2$ は単調でない．$y = f(x)$ が単調のとき，与えられた数 b に対して，$f(x) = b$ となる x は（あっても）一つしかない．

区間 $a \leqq x \leqq b$ で定義された連続関数 $y = f(x)$ が単調増加だとする．$\alpha = f(a)$，$\beta = f(b)$ としよう（$\alpha < \beta$）．α と β の間の任意の y に対し，$f(x) = y$ となる $x (a \leqq x \leqq b)$ がただ一つ存在する．$\alpha \leqq y \leqq \beta$ なる y に対してこの x を対応させることにより，新しい関数 $x = g(y)$ ができる．この関数をもとの関数 $y = f(x)$ の**逆関数**という．定義からただちに，

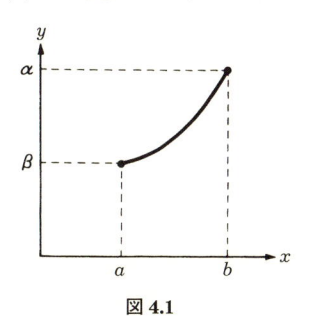

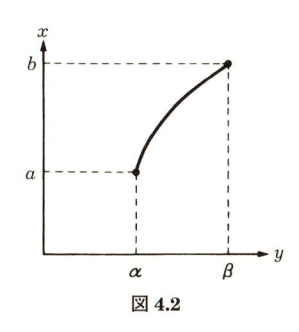

図 4.1

図 4.2

$$g(f(x)) = x,\ f(g(y)) = y$$

が成りたつことが分かる．逆関数 $x = g(y)$ も単調増加である．

単調増加のかわりに単調減小としても同じである．ただし，この場合は $\alpha > \beta$ となる．逆関数も単調減小である．

逆関数 $x = g(y)$ のグラフ（図 4.2）は，もとの関数 $y = f(x)$ のグラフを横から，しかも裏から見たものにほかならない．

例 4.1 1） $x \geqq 0$ での関数 $y = x^n$（n は整数）の逆関数は $x = \sqrt[n]{y} = y^{\frac{1}{n}}$（$y \geqq 0$）である．

2） 指数関数 $y = a^x$（$a > 0,\ a \neq 1$）は，$a > 1$ なら単調増加，$a < 1$ なら単調減小である．a^x はつねに正で，0 と $+\infty$ の間の任意の値をとるので，逆関数は $y > 0$ で定義される．それが a を底とする対数関数 $x = \log_a y$ の定義にほかならない（あとで詳しく扱う）．

4.2　逆関数の導関数

定理 4.1　単調関数 $y = f(x)$ が微分可能で $f'(x) \neq 0$ ならば，逆関数 $x = g(y)$ も微分可能で，$g'(y)$ は $f'(x)$ の逆数である．すなわち

$$g'(y) = \frac{1}{f'(x)} = \frac{1}{f'(g(y))}.$$

証明　グラフを考えれば，タテとヨコとが逆になるのだから，接線の傾きは当然逆数になり，定理が成りたつ．もし $f'(x) = 0$ だと，そこでの $y = f(x)$ の接線は水平だから，横から見ると垂直になる．だから逆関数 $x = g(y)$ は微分できない．□

注意　導関数の記号について．いままで使ってきた $f'(x)$ とか小さな変数 h とかは無色の記号だが，もっと意味のある記号を使う方が都合のよいときもある．まず，変数 x の微小変化 h を Δx と書き，対応する関数値の変化 $f(x + \Delta x) - f(x)$ を Δy と書く．そうすると

$$f'(x) = \lim_{\Delta x \to 0} \frac{\Delta y}{\Delta x}$$

と書ける．そこで

$$f'(x) = \frac{dy}{dx}$$

と書くことにする．この分母分子 dy や dx の意味は微妙である．これを昔の人は《無限小の変化》と言ってきた．ここで説明することはできないが，これは合理的に解釈することができる．$\frac{dy}{dx}$ を分数のように扱い，たとえば $dy = f'(x)dx$ と書いたりしても，間違った結論に導かれることはない．それどころか，この記号法（ライプニッツによる）はいわば事の本質を表現しているので，これを使うと物事の見とおしがよくなり，計算能率もあがるし，記憶の節約にもなる．

たとえば前ページの定理はつぎのように書ける．

定理 4.1′ $\dfrac{dx}{dy} = \dfrac{1}{\frac{dy}{dx}}$．

これは一見当りまえの分数計算にすぎないから，分かりやすく，覚えやすい．$\frac{dy}{dx}$ を $\frac{df}{dx}$ とか $\frac{d}{dx}f(x)$ とか書くこともある．

例 4.2 例 4.1 により，$y = x^n \ (x > 0)$ の逆関数は $x = \sqrt[n]{y} \ (y > 0)$ である．$\frac{d}{dx}(x^n) = nx^{n-1}$ だから，逆関数 $x = \sqrt[n]{y}$ の導関数は

$$\frac{d}{dy}(\sqrt[n]{y}) = \frac{1}{nx^{n-1}} = \frac{x^{1-n}}{n} = \frac{1}{n}(y^{\frac{1}{n}})^{1-n} = \frac{1}{n}y^{\frac{1}{n}-1}$$

となる．慣例に従って変数を x に変えると，

$$\frac{d}{dx}(x^{\frac{1}{n}}) = \frac{d}{dx}(\sqrt[n]{x}) = \frac{1}{n}x^{\frac{1}{n}-1}.$$

4.3 合成関数の導関数

定義 二つの関数 f, g を続けて施すことによって得られる関数 $h(x) = g(f(x))$ を f と g との**合成関数**という．

例 4.3 1) $f(x) = x^2, \ g(y) = \sin y$ なら，$g(f(x)) = \sin x^2, \ f(g(y)) = (\sin y)^2 = \sin^2 y$．

2) $f(x) = 1 + x, g(y) = \sqrt{y} \ (y > 0)$ なら，$f(g(y)) = 1 + \sqrt{y}, \ g(f(x)) = \sqrt{1+x}$．ただし，$x \geqq -1$ でなければ $\sqrt{1+x}$ は定義されない．

定理 4.2 f, g が微分可能なら，合成関数 $h(x) = g(f(x))$ も微分可能で，
$$h'(x) = g'(f(x)) \cdot f'(x).$$
この式は内容を喚起しない．ライプニッツ式の記号を使う方がよい．$y = f(x), z = g(y) = g(f(x))$ とすると，
$$\frac{dz}{dx} = \frac{dz}{dy}\frac{dy}{dx}.$$
すなわちこれは分数の約分にほかならない．

証明 x の微小変化を $\varDelta x$，対応する y の変化を $\varDelta y$，z の変化を $\varDelta z$ と書けば，
$$\frac{\varDelta z}{\varDelta x} = \frac{\varDelta z}{\varDelta y}\frac{\varDelta y}{\varDelta x}.$$
これは本当の分数である．ここで $\varDelta x$ が 0 に近づけば $\varDelta y$ も 0 に近づき，極限において
$$\frac{dz}{dx} = \frac{dz}{dy}\frac{dy}{dx}$$
となる．これで証明は終る．しかし，もし $y = f(x)$ が定数関数だと，$\varDelta y = 0$ だから分数 $\frac{\varDelta z}{\varDelta y}$ は作れない．このときは $\varDelta z$ も 0 になるから $\frac{\varDelta z}{\varDelta x} = 0$，すなわち 0 = 0 の等式になる．□

例 4.4 1) $z = \sqrt{1+x^2}$. $y = 1 + x^2$ とすると，$z = \sqrt{y} = y^{\frac{1}{2}}$ だから $\frac{dz}{dy} = \frac{1}{2}y^{\frac{1}{2}-1} = \frac{1}{2\sqrt{y}} = \frac{1}{2\sqrt{1+x^2}}$. $\frac{dy}{dx} = 2x$ だから，$\frac{dz}{dx} = \frac{dz}{dy}\frac{dy}{dx} = \frac{x}{\sqrt{1+x^2}}$.

2) $z = \left(\frac{x-1}{x+1}\right)^3$. $y = \frac{x-1}{x+1}$ とすると，$z = y^3$ だから $\frac{dz}{dy} = 3y^2 = 3\left(\frac{x-1}{x+1}\right)^2$. 一方，商の微分法（定理 3.3）により，$\frac{dy}{dx} = \frac{(x+1) - (x-1)}{(x+1)^2} = \frac{2}{(x+1)^2}$ だから，$\frac{dz}{dx} = \frac{6(x-1)^2}{(x+1)^4}$.

3) $z = x^{\frac{m}{n}} = (\sqrt[n]{x})^m = \sqrt[n]{x^m}$ (n, m は整数で $n \neq 0$). $y = x^{\frac{1}{n}} = \sqrt[n]{x}$ とすれば $z = y^m$ だから，$\frac{dz}{dy} = my^{m-1} = mx^{\frac{m-1}{n}}$. 一方 $\frac{dy}{dx} = \frac{1}{n}x^{\frac{1}{n}-1}$ だから，
$$\frac{dz}{dx} = mx^{\frac{m-1}{n}} \cdot \frac{1}{n}x^{\frac{1}{n}-1} = \frac{m}{n}x^{\frac{m}{n}-1}.$$

4.3 合成関数の導関数

すなわち，任意の有理数 a に対して
$$(x^a)' = a x^{a-1}$$
が成りたつ．あとで述べるように，この式は任意の実数（無理数も含む）に対して成りたつ．

これを逆に見れば，-1 以外の任意の実数 a に対して不定積分の公式
$$\int x^a dx = \frac{x^{a+1}}{a+1} \quad (a \neq -1)$$
が得られたことになる．

合成関数の微分法の公式により，どんなに複雑な関数でも，基本的な関数の微分を繰りかえし求めることで導関数が求まることになった．しかも，ちょっと慣れると，上の例のように面倒な手続きを書かなくても，式を見ただけで簡単に計算できるようになる．

例 4.5 1) 2本の放物線 $y = x^2$ と $x = y^2$ とで囲まれる部分の面積を求めよう（図 4.3）．0 と 1 の間で $x^2 < \sqrt{x}$ だから，面積 S は，
$$S = \int_0^1 (\sqrt{x} - x^2) dx = \int_0^1 (x^{\frac{1}{2}} - x^2) dx$$
$$= \left[\frac{2}{3} x^{\frac{3}{2}} - \frac{1}{3} x^3 \right]_0^1 = \frac{1}{3}.$$

2) $\sqrt{x} + \sqrt{y} \leq 1$ なる領域（当然 $x, y \geq 0$）の面積を求める（図 4.4）．この曲線は $y = (1 - \sqrt{x})^2$ だから，面積 S は，
$$S = \int_0^1 (1 - \sqrt{x})^2 dx = \int_0^1 (1 - 2x^{\frac{1}{2}} + x) dx$$
$$= \left[x - \frac{4}{3} x^{\frac{3}{2}} + \frac{1}{2} x^2 \right]_0^1 = 1 - \frac{4}{3} + \frac{1}{2} = \frac{1}{6}.$$

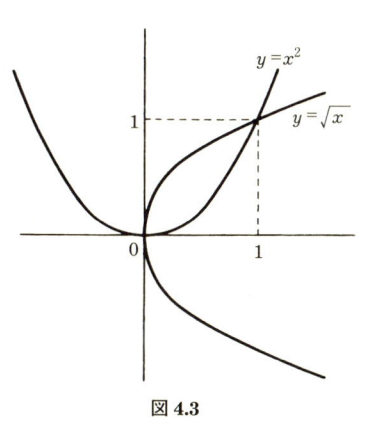

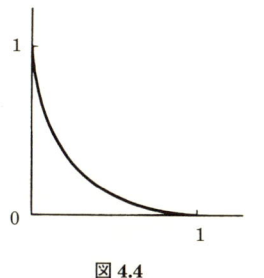

図 4.3

図 4.4

4.4 置換積分法

定理 4.3 $y = f(x)$, $x = \varphi(t)$ のとき,
$$\int f(x)dx = \int f(\varphi(t))\varphi'(t)dt.$$
ライプニッツ風に書けば,
$$\int y\,dx = \int y\frac{dx}{dt}dt.$$

証明 $f(x)$ の原始関数を $F(x)$ とする：$F'(x) = f(x)$. 合成関数の微分法の公式（定理 4.2）により,
$$\frac{d}{dt}F(\varphi(t)) = F'(\varphi(t))\varphi'(t) = f(\varphi(t))\varphi'(t).$$
両辺を t について積分すると,
$$\int f(x)dx = F(x) = F(\varphi(t)) = \int \frac{d}{dt}F(\varphi(t))dt = \int f(\varphi(t))\varphi'(t)dt$$
となって定理が成りたつ. ライプニッツ風の式ならば, これは分数の約分式にすぎない. 積分記号の dx はダテについているのではない. □

例 4.6 1) $\int \frac{x-1}{(x+1)^3}dx$. $y = x+1$ とすると, $x = y-1$ だから $\frac{dx}{dy} = 1$. したがって
$$\int \frac{x-1}{(x+1)^3}dx = \int \frac{y-2}{y^3}dy = \int (y^{-2} - 2y^{-3})dy = -y^{-1} + y^{-2}$$
$$= -\frac{1}{x+1} + \frac{1}{(x+1)^2} = -\frac{x}{(x+1)^2}.$$

2) $\int \frac{x}{(x^2+1)^a}dx$ $(a \neq -1)$. $y = x^2 + 1$ とすると, $dy = 2x\,dx$,
$$\int \frac{x}{(x^2+1)^a}dx = \int \frac{1}{y^a}\cdot\frac{1}{2}dy = \frac{1}{2}\frac{y^{-a+1}}{-a+1} = \frac{1}{2(1-a)(x^2+1)^{a-1}}.$$

3) $\int \frac{x}{\sqrt{1-x^2}}dx$ $(-1 < x < 1)$. $y = 1-x^2$ とすると, $dy = -2x\,dx$ だから,
$$\int \frac{x}{\sqrt{1-x^2}}dx = \int y^{-\frac{1}{2}}\left(-\frac{1}{2}dy\right) = -y^{\frac{1}{2}} = -\sqrt{1-x^2}. \square$$

不定積分を計算して原始関数を求めたら，かならず求まった原始関数を微分して検算することが必要である．積分はよく間違えるが，微分はやさしいから滅多に間違えない．

もうひとつ，大事な《部分積分法》があるが，これはつぎの章で扱う．

問題 4.1 つぎの関数を微分せよ．

1) $\sqrt{\dfrac{x-1}{x+1}}$ 2) $\sqrt{x^2+2x+2}$ 3) $\dfrac{2x-1}{\sqrt{x^2+2x+2}}$

問題 4.2 つぎの関数を積分せよ．

1) $x\sqrt{1-x^2}$ 2) $\dfrac{1}{x^2}\left(1+\dfrac{1}{x}\right)^3$ 3) $\dfrac{x^2}{(x^3+1)^2}$

問題 4.3 $a>0$ のとき，曲線 $x^{\frac{1}{3}}+y^{\frac{1}{3}}=a^{\frac{1}{3}}$ $(x,y\geqq 0)$ はほぼ図 4.5 のようである．斜線部分の面積を求めよ．

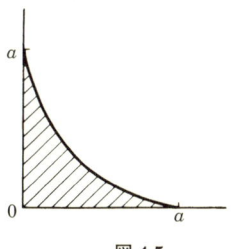

図 4.5

第5章

三 角 関 数

5.1 三角関数の復習

角をはかる単位《度》は直角を 90 等分したものである．90 という数には必然性がなく，それを使って決まる《度》は，秒やメートルのように人為的な単位である．これでは数学をやるのには都合が悪い．そこでつぎのようにする．

半径 1 の円周を考える．2 本の半径でひとつの角ができるが，それに対応する円弧の長さ x を角の大きさとする（図 5.1）．これが弧度法というものである．この x はただの実数（無名数）なので，これに《ラジアン》という言葉をつけて呼ぶのは (少なくとも数学的には) 好ましくない．

円周の長さは 2π だから，半円周を見こむ平角の大きさは円周率 $\pi = 3.14159\cdots$ である．もちろん直角は $\frac{\pi}{2}$ である．

図 5.1

三角関数ははじめ図 5.2 のように三角比として定義された：

$$\sin x = \frac{a}{c}, \quad \cos x = \frac{b}{c}, \quad \tan x = \frac{a}{b}.$$

しかし我々はこれらの関数の定義域を拡げ，任意の実数に対して定義されるようにし

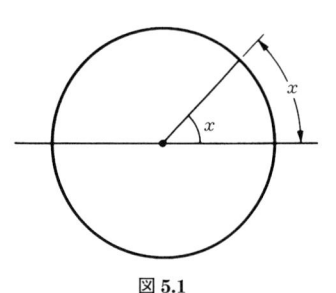

図 5.2

た．変数が 2π ふえれば，円周を1周してもとに戻るから，三角関数はどれも周期 2π をもつ周期関数である．グラフは図 5.3 に示すとおりである．$\cos x$ のグラフは $\sin x$ のグラフを $\frac{\pi}{2}$ だけ左にずらしたものである．すなわち $\cos x = \sin\left(x + \frac{\pi}{2}\right)$.

三角関数でもっとも大事な《加法定理》はすでに知っているはずのものだが，念のために書いておこう．

$$\sin(x+y) = \sin x \cos y + \cos x \sin y,$$
$$\cos(x+y) = \cos x \cos y - \sin x \sin y,$$
$$\tan(x+y) = \frac{\tan x + \tan y}{1 - \tan x \tan y}.$$

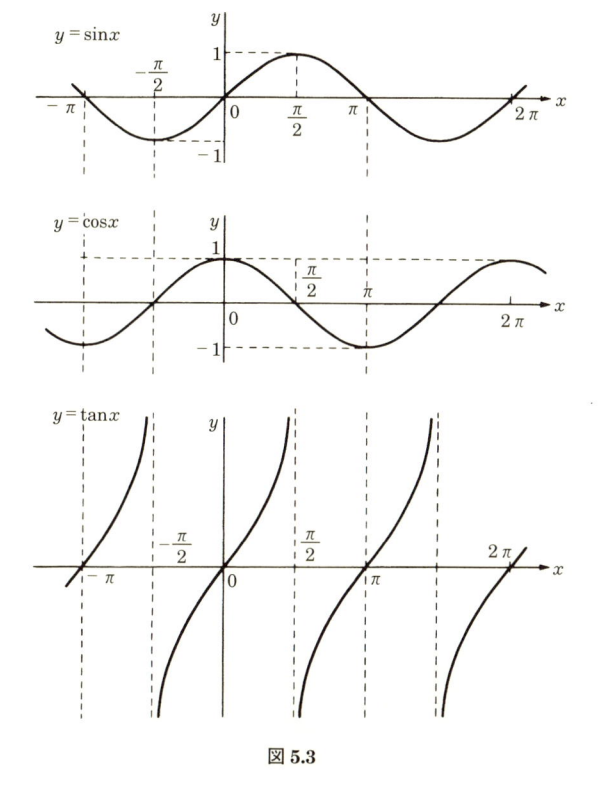

図 5.3

これらの式で $x = y$ とすれば《倍角公式》になる.

$$\sin 2x = 2\sin x \cos x,$$
$$\cos 2x = \cos^2 x - \sin^2 x = 2\cos^2 x - 1 = 1 - 2\sin^2 x,$$
$$\tan 2x = \frac{2\tan x}{1 - \tan^2 x}.$$

5.2 三角関数の導関数

三角関数の微分法の基礎はつぎの定理である.

定理 5.1 $\lim_{x \to 0} \dfrac{\sin x}{x} = 1.$

証明 $0 < x < \dfrac{\pi}{2}$ とし,半径 r,中心角 x の扇形 $\overparen{\text{OAB}}$ を作り,点 A で直線 OA と直交する直線と OB の延長との交点を C とする(図 5.4).扇形 $\overparen{\text{OAB}}$ の面積は円の面積の $\dfrac{x}{2\pi}$ 倍だから $\pi r^2 \cdot \dfrac{x}{2\pi} = \dfrac{1}{2}r^2 x$ であり,三角形 OAB の面積は $\dfrac{1}{2}r^2 \sin x$ である.

図から明らかに

三角形 OAB の面積 < 扇形 $\overparen{\text{OAB}}$ の面積 < 三角形 OAC の面積

だから,

$$\frac{1}{2}r^2 \sin x < \frac{1}{2}r^2 x < \frac{1}{2}r^2 \tan x$$

が成りたつ. r^2 も $\sin x$ も正だから,

$$\sin x < x < \tan x = \frac{\sin x}{\cos x},$$

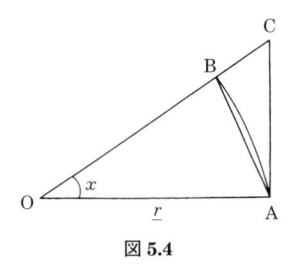

図 5.4

$$1 < \frac{x}{\sin x} < \frac{1}{\cos x},$$
$$1 > \frac{\sin x}{x} > \cos x$$

となる．ここで $x \to 0$ とすると，$\cos x \to 1$ だから，《挟みうちの原理》によって $\frac{\sin x}{x}$ も 1 に近づく．x が負の場合もまったく同様だから，

$$\lim_{x \to 0} \frac{\sin x}{x} = 1$$

となる．□

系 $\lim_{x \to 0} \dfrac{1 - \cos x}{x} = 0.$

証明
$$\frac{1 - \cos x}{x} = \frac{1 - \cos^2 x}{x(1 + \cos x)} = \frac{\sin^2 x}{x(1 + \cos x)}$$
$$= \frac{\sin x}{x} \cdot \frac{\sin x}{1 + \cos x} \longrightarrow 0 \quad (x \to 0 \text{ のとき}). \quad □$$

定理 5.2 $(\sin x)' = \cos x,\ (\cos x)' = -\sin x,\ (\tan x)' = \dfrac{1}{\cos^2 x}.$

証明 1) 加法定理により，
$$\frac{\sin(x + h) - \sin x}{h} = \frac{\sin x \cos h + \cos x \sin h - \sin x}{h}$$
$$= \cos x \frac{\sin h}{h} - \sin x \frac{1 - \cos h}{h} \longrightarrow \cos x \quad (h \to 0 \text{ のとき}).$$

2) 同じように計算してもよいが，$\cos x = \sin\left(x + \dfrac{\pi}{2}\right)$ を使えば，合成関数の微分法により，
$$(\cos x)' = \cos\left(x + \frac{\pi}{2}\right) = -\sin x.$$

3) 商の微分法により，
$$(\tan x)' = \left(\frac{\sin x}{\cos x}\right)' = \frac{(\sin x)' \cos x - \sin x (\cos x)'}{\cos^2 x}$$
$$= \frac{\cos^2 x + \sin^2 x}{\cos^2 x} = \frac{1}{\cos^2 x}. \quad □$$

はじめの二つの公式は暗記すべきである．

例によってこれを逆に見るとつぎの積分公式になる．

定理 5.3

$$\int \sin x\, dx = -\cos x, \quad \int \cos x\, dx = \sin x, \quad \int \frac{dx}{\cos^2 x} = \tan x.$$

例 5.1 1) $(\sin^2 x \cos x)' = (\sin^2 x)' \cos x + \sin^2 x (\cos x)'$

$= (2\sin x \cos x)\cos x + \sin^2 x(-\sin x) = 2\sin x \cos^2 x - \sin^3 x.$

2) $\left(\dfrac{\sin x - \cos x}{\sin x + \cos x}\right)'$

$= \dfrac{(\sin x - \cos x)'(\sin x + \cos x) - (\sin x + \cos x)'(\sin x - \cos x)}{(\sin x + \cos x)^2}$

$= \dfrac{(\sin x + \cos x)^2 + (\sin x - \cos x)^2}{(\sin x + \cos x)^2}$

$= \dfrac{(1 + 2\sin x \cos x) + (1 - 2\sin x \cos x)}{(\sin x + \cos x)^2} = \dfrac{2}{(\sin x + \cos x)^2}.$

3) $\int \sin^a x \cos x\, dx \ (a \neq -1).$ $u = \sin x$ とすると，$du = \cos x\, dx$ だから（置換積分法），

$$\int \sin^a x \cos x\, dx = \int u^a\, du = \frac{u^{a+1}}{a+1} = \frac{\sin^{a+1} x}{a+1}.$$

4) $\int \sin ax\, dx \ (a \neq 0).$ $u = ax$ とすれば，$du = a\, dx$ だから，

$\int \sin ax\, dx = \int \sin u\, \dfrac{du}{a} = -\dfrac{1}{a}\cos u = -\dfrac{1}{a}\cos ax \ (a \neq 0).$ 同様に，$\int \cos ax\, dx = \dfrac{1}{a}\sin ax \ (a \neq 0).$

5) $\int \sin^2 x\, dx.$ 倍角公式により，$\cos 2x = \cos^2 x - \sin^2 x = 1 - 2\sin^2 x$ だから，$\sin^2 x = \dfrac{1 - \cos 2x}{2}.$ したがって

$$\int \sin^2 x\, dx = \frac{1}{2}\int (1 - \cos 2x)\, dx = \frac{1}{2}\left(x - \frac{1}{2}\sin 2x\right).$$

前にも言ったように，必ず検算せよ．$\cos^2 x = 1 - \sin^2 x$ だから，

$$\int \cos^2 x\, dx = \frac{1}{2}\left(x + \frac{1}{2}\sin 2x\right).$$

例 5.2　$y = \sin x$ のグラフは $x = 0$ と π の間で x 軸より上にある．そこの面積 S は簡単に求まる．すなわち

$$S = \int_0^\pi \sin x\, dx = \Big[-\cos x\Big]_0^\pi = 1 + 1 = 2.$$

もっと複雑にしてみよう．0 と 2π の間に $\sin x$ と $\cos x$ とが等しくなる点が二つある．すなわち，

$$\sin\frac{\pi}{4} = \cos\frac{\pi}{4} = \frac{\sqrt{2}}{2}, \ \ \sin\frac{5\pi}{4} = \cos\frac{5\pi}{4} = -\frac{\sqrt{2}}{2}.$$

$\frac{\pi}{4}$ と $\frac{5\pi}{4}$ の間では $\sin x > \cos x$ である（図 5.5）．そこで両曲線に囲まれる部分の面積 S を計算しよう．

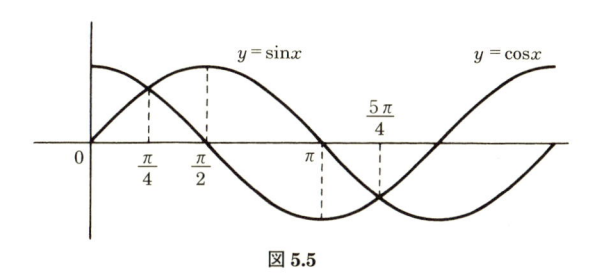

図 5.5

$$S = \int_{\frac{\pi}{4}}^{\frac{5\pi}{4}} \sin x\, dx - \int_{\frac{\pi}{4}}^{\frac{5\pi}{4}} \cos x\, dx = \int_{\frac{\pi}{4}}^{\frac{5\pi}{4}} (\sin x - \cos x)\, dx$$

$$= \Big[-\cos x - \sin x\Big]_{\frac{\pi}{4}}^{\frac{5\pi}{4}} = \left(\frac{\sqrt{2}}{2} + \frac{\sqrt{2}}{2}\right) - \left(-\frac{\sqrt{2}}{2} - \frac{\sqrt{2}}{2}\right)$$

$$= 2\sqrt{2}.$$

5.3　部分積分法

ここで，前章でやり残した不定積分の技法をひとつ述べる．積の微分法（定理 3.2）から出発する：

$$[f(x)g(x)]' = f'(x)g(x) + f(x)g'(x).$$

関数を微分して積分すれば，積分定数を除いてもとに戻るから，上式の両辺を積分すると，

$$f(x)g(x) = \int [f(x)g(x)]' dx = \int f'(x)g(x) dx + \int f(x) g'(x) dx$$

となる．最後の項を移項すると，

$$\int f'(x)g(x) dx = f(x)g(x) - \int f(x) g'(x) dx$$

という式が得られる．移行しただけのこの式が，不定積分の計算に大変役にたつ．これを**部分積分法**という．もちろん定積分の計算にもこれは使えて，

$$\int_a^b f'(x)g(x) dx = \Big[f(x)g(x)\Big]_a^b - \int_a^b f(x)g'(x) dx$$

となる．

部分積分法は，積分すべき関数が二つの関数の積で，その一方の原始関数が既知ないし簡単に求まる場合に適用される．

例 5.3 1) 例 4.4 の 3) で得た積分公式

$$\int x^a dx = \frac{x^{a+1}}{a+1} \ (a \neq -1)$$

を求める別法．x^a を $1 \cdot x^a$ と思うと，$1 = (x)'$ だから，

$$\int x^a dx = \int (x)' \cdot x^a dx = x \cdot x^a - \int x \cdot a x^{a-1} dx = x^{a+1} - a \int x^a dx.$$

一番右の項を移行すれば $(1+a)\int x^a dx = x^{a+1}$ を得る．

2) $\displaystyle\int x \sin x dx = \int x(-\cos x)' dx = x(-\cos x) - \int (-\cos x) dx$

$\qquad\qquad = -x \cos x + \sin x$．検算せよ．

同様に $\displaystyle\int x \cos x dx = x \sin x + \cos x$.

3) $\displaystyle\int x^2 \sin x dx = \int x^2 (-\cos x)' dx = x^2(-\cos x) - \int 2x(-\cos x) dx$

$\qquad\qquad = -x^2 \cos x + 2\int x \cos x dx$．直前の結果を代入して，

$\qquad\qquad = -x^2 \cos x + 2(x \sin x + \cos x)$

$\qquad\qquad = -x^2 \cos x + 2x \sin x + 2 \cos x.$

検算せよ．同様に

$$\int x^2 \cos x\, dx = x^2 \sin x + 2x \cos x - 2 \sin x.$$

順に計算して行けば，任意の自然数 n に対して $\int x^n \sin x\, dx$, $\int x^n \cos x\, dx$ が計算できることになる．

問題 5.1 つぎの関数を微分せよ．

1) $\dfrac{\sin x + 1}{\cos x - 1}$ 2) $\dfrac{\tan x}{1 + \tan x}$ 3) $\sqrt{\sin^2 x + 1}$

4) $\sin \dfrac{x-1}{x+1}$ 5) $\tan \sqrt{1+x^2}$ 6) $\dfrac{\sin x}{x}$.

問題 5.2 つぎの関数を積分せよ．

1) $\sin^3 x$ 2) $\sin^n x \cos x \ (n \not= -1)$ 3) $\dfrac{\sin x}{\cos^2 x}$

4) $\cos^5 x$ ［ヒント：$\cos^4 x = (1 - \sin^2 x)^2$］ 5) $\tan^2 x$.

問題 5.3 つぎの定積分を計算せよ．

1) $\displaystyle\int_{-\pi}^{\pi} \sin mx \cdot \cos nx\, dx \quad (m, n = 0, 1, 2, \cdots\cdots)$

［ヒント：三角関数の積を和に変える］

2) $\displaystyle\int_0^{\pi} \cos^2 x\, dx$ 3) $\displaystyle\int_0^{\pi} x \sin x\, dx$.

問題 5.4 0 と π の間で，$\sin x \geqq 1 - \sin x$ なる区間を確定し，そこで二つのグラフに挟まれる部分の面積を求めよ．

第6章

逆三角関数

6.1 逆三角関数

三角関数は単調でないので，全区間での逆関数は存在しない．しかし，たとえば $y=\sin x$ は $-\frac{\pi}{2}\leq x\leq\frac{\pi}{2}$ では単調増加なので，そこに限定すれば逆関数が $-1\leq y\leq 1$ で定義される．この関数（図 6.1）を $x=\arcsin y$ または $x=\sin^{-1}y$ と書き，《アークサイン y》と読む．慣例に従って x と y を交換すると $y=\arcsin x$ となり，そのグラフは図 6.1 に示されるものである．$y=\arcsin x$ は単調増加で，$\arcsin(-x)=-\arcsin x$，$\arcsin -1=-\frac{\pi}{2}$，$\arcsin 0=0$，$\arcsin 1=\frac{\pi}{2}$ である．

つぎに $y=\cos x$ は $0\leq x\leq\pi$ で単調減少だから，そこでの逆関数を $x=\arccos y$ または $x=\cos^{-1}y$ と書く（図 6.2，ただし x と y を交換）．

最後に $y=\tan x$ は $-\frac{\pi}{2}<x<\frac{\pi}{2}$（等号がないことに注意）で単調増加なの

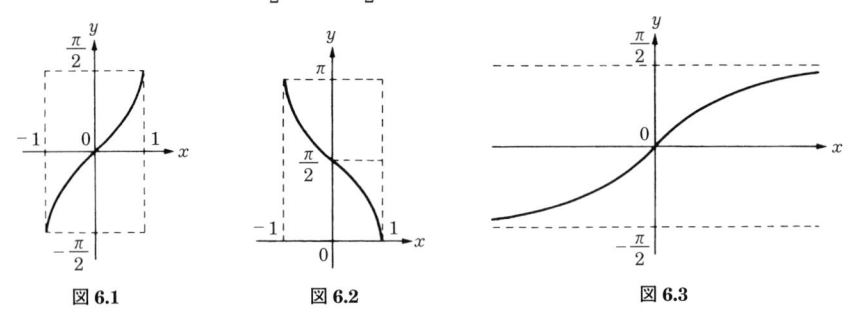

図 6.1　図 6.2　図 6.3

で，そこでの逆関数を $x = \arctan y$ または $x = \tan^{-1} y$ と書き，《アークタンジェント y》と読む．x と y とを取りかえた関数 $y = \arctan x$ のグラフは図 6.3 のとおりである．この関数は全実数で定義され，$\arctan(-x) = -\arctan x$, $\arctan 0 = 0$, $\arctan(\pm 1) = \pm \dfrac{\pi}{4}$ （複合同順），

$$\lim_{x \to +\infty} \arctan x = \frac{\pi}{2}, \quad \lim_{x \to -\infty} \arctan x = -\frac{\pi}{2}.$$

例 6.1 $\arctan x + \arctan \dfrac{1}{x} = \pm \dfrac{\pi}{2}$ を示す．

ただし，右辺の符号 $\pm$ は x の正負による．$x > 0$ なら $\theta = \arctan x$ は 0 と $\dfrac{\pi}{2}$ の間にあるから，図 6.4 のような直角三角形ができる．$x = \tan \theta = \dfrac{a}{b}$ である．一方 $\tan\left(\dfrac{\pi}{2} - \theta\right) = \dfrac{b}{a}$ だから，$\tan\left(\dfrac{\pi}{2} - \theta\right) = \dfrac{1}{x}$．よって $\dfrac{\pi}{2} - \theta = \arctan \dfrac{1}{x}$, したがって $\arctan x + \arctan \dfrac{1}{x} = \dfrac{\pi}{2}$ となる．$\arctan(-x) = -\arctan x$ だから，$x < 0$ のときは $\arctan x + \arctan \dfrac{1}{x} = -\dfrac{\pi}{2}$ となる．

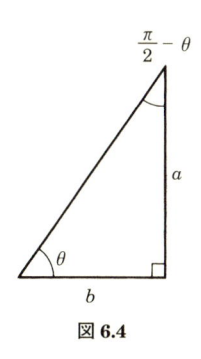

図 6.4

6.2 逆三角関数の導関数

1) $y = \arcsin x \ (-1 \leqq x \leqq 1)$ のグラフは両端 ± 1 では垂直になり，微分できない．しかし，$-1 < x < 1$ では微分可能である（定理 4.1）．ここでは $-\dfrac{\pi}{2} < y < \dfrac{\pi}{2}$ だから $\cos y > 0$．したがって

$$\frac{dy}{dx} = \frac{1}{\frac{dx}{dy}} = \frac{1}{(\sin y)'} = \frac{1}{\cos y} = \frac{1}{\sqrt{1-\sin^2 y}} = \frac{1}{\sqrt{1-x^2}}$$

となる：

$$(\arcsin x)' = \frac{1}{\sqrt{1-x^2}}, \quad \int \frac{dx}{\sqrt{1-x^2}} = \arcsin x.$$

2) $y = \arccos x \ (-1 < x < 1)$ の導関数は $-\dfrac{1}{\sqrt{1-x^2}}$ であるが，これは今後ほとんど使わない．

3) $y = \arctan x$ は全実数 $-\infty < x < +\infty$ で微分可能で，

$$\frac{dy}{dx} = \frac{1}{\frac{dx}{dy}} = \frac{1}{(\tan y)'} = \frac{1}{\frac{1}{\cos^2 y}} = \frac{1}{1+\tan^2 y} = \frac{1}{1+x^2}$$

となる：

$$(\arctan x)' = \frac{1}{1+x^2}, \quad \int \frac{dx}{1+x^2} = \arctan x.$$

以上の結果を定理の形にしておこう．

定理 6.1 1) $(\arcsin x)' = \dfrac{1}{\sqrt{1-x^2}}, \quad \displaystyle\int \frac{dx}{\sqrt{1-x^2}} = \arcsin x.$

2) $(\arctan x)' = \dfrac{1}{1+x^2}, \quad \displaystyle\int \frac{dx}{1+x^2} = \arctan x.$

例 6.2 1) $(x \arctan x)' = \arctan x + \dfrac{x}{1+x^2}$ ［積の微分法］．

2) $\left(\dfrac{\arcsin x}{x}\right)' = \dfrac{1}{x^2}\left(\dfrac{x}{\sqrt{1-x^2}} - \arcsin x\right)$ ［商の微分法］．

3) $\displaystyle\int \frac{dx}{\sqrt{a^2-x^2}} \ (a > 0).$ $u = \dfrac{x}{a}$ とすると $x = au$, $dx = adu$ だから，

$$\int \frac{dx}{\sqrt{a^2-x^2}} = \int \frac{adu}{\sqrt{a^2-a^2u^2}} = \int \frac{du}{\sqrt{1-u^2}} = \arcsin u = \arcsin \frac{x}{a}.$$

4) $\displaystyle\int \frac{dx}{a^2+x^2} \ (a \neq 0).$ $u = \dfrac{x}{a}$ とすると $x = au$, $dx = adu$ だから，

$$\int \frac{dx}{a^2+x^2} = \int \frac{adu}{a^2+a^2u^2} = \frac{1}{a}\int \frac{du}{1+u^2} = \frac{1}{a}\arctan u = \frac{1}{a}\arctan \frac{x}{a}.$$

5) $\displaystyle\int \arcsin x\, dx = \int 1 \cdot \arcsin x\, dx = \int (x)' \arcsin x\, dx$

6.2 逆三角関数の導関数

$$= x\arcsin x - \int x(\arcsin x)' dx = x\arcsin x - \int \frac{x}{\sqrt{1-x^2}} dx.$$

ここまでは部分積分法である．残った積分 $\int \frac{x}{\sqrt{1-x^2}} dx$ は置換積分法の例 4.6 の 3) で求めたとおり，$-\sqrt{1-x^2}$ である．したがって

$$\int \arcsin x\, dx = x\arcsin x + \sqrt{1-x^2}.$$

6) $\int \sqrt{a^2-x^2}\, dx \ (a>0)$ を二通りの方法で求めよう．

A：置換積分法．$|x| \leq a$ だから，$x = a\sin u \left(-\frac{\pi}{2} \leq u \leq \frac{\pi}{2}\right)$ とおける．$dx = a\cos u\, du$ であり，$\cos u > 0$ だから

$$\int \sqrt{a^2-x^2}\, dx = \int \sqrt{a^2 - a^2\sin^2 u} \cdot a\cos u\, du = a^2 \int \cos^2 u\, du$$

$$= \frac{a^2}{2}\int (\cos 2u + 1)\, du = \frac{a^2}{2}\left(\frac{1}{2}\sin 2u + u\right)$$

$$= \frac{a^2}{2}(\sin u \cos u + u) = \frac{1}{2}\left(x\sqrt{a^2-x^2} + a^2 \arcsin \frac{x}{a}\right).$$

B：部分積分法．$\sqrt{a^2-x^2} = (x)'\sqrt{a^2-x^2}$ と見て，

$$\int \sqrt{a^2-x^2}\, dx = x\sqrt{a^2-x^2} + \int x \frac{x}{\sqrt{a^2-x^2}}\, dx$$

$$= x\sqrt{a^2-x^2} + \int \frac{x^2 - a^2 + a^2}{\sqrt{a^2-x^2}}\, dx$$

$$= x\sqrt{a^2-x^2} - \int \sqrt{a^2-x^2}\, dx + a^2 \int \frac{dx}{\sqrt{a^2-x^2}}.$$

右辺の第 2 項を移項して，

$$\int \sqrt{a^2-x^2}\, dx = \frac{1}{2}\left[x\sqrt{a^2-x^2} + a^2 \int \frac{dx}{\sqrt{a^2-x^2}}\right]$$

$$= \frac{1}{2}\left[x\sqrt{a^2-x^2} + a^2 \arcsin \frac{x}{a}\right].$$

7) 楕円 $\frac{x^2}{a^2} + \frac{y^2}{b^2} = 1$ の内部の面積を求める（図 6.5）．第 1 象限（$x, y > 0$ の部分）で $y = \frac{b}{a}\sqrt{a^2-x^2}$ と書けるから，

第6章 逆三角関数

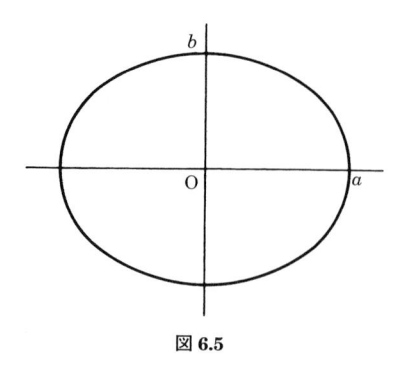

図 6.5

$$\text{面積} = 4\int_0^a \frac{b}{a}\sqrt{a^2-x^2}\,dx = \frac{4b}{a}\cdot\frac{1}{2}\left[x\sqrt{a^2-x^2}+a^2\arcsin\frac{x}{a}\right]_0^a$$
$$= \frac{2b}{a}\cdot\left(a^2\cdot\frac{\pi}{2}\right) = \pi ab.$$

8) $f(x) = \arctan\sqrt{\dfrac{1+x}{1-x}}$ としよう.ルートの中は正でなければならないから,$-1 < x < 1$ である.合成関数の微分法により,

$$f'(x) = \frac{1}{1+\dfrac{1+x}{1-x}}\cdot\frac{1}{2}\sqrt{\dfrac{1-x}{1+x}}\dfrac{(1-x)+(1+x)}{(1-x)^2}$$
$$= \frac{1}{2}\frac{1-x}{(1-x)+(1+x)}\sqrt{\frac{1-x}{1+x}}\frac{2}{(1-x)^2}$$
$$= \frac{1}{2}\frac{1}{\sqrt{1+x}}\frac{1}{\sqrt{1-x}} = \frac{1}{2\sqrt{1-x^2}}$$

となる.この右辺は $\left(\dfrac{1}{2}\arcsin x\right)'$ に等しい.あとで証明する原始関数の一意性により,

$$f(x) = \frac{1}{2}\arcsin x + C$$

が成りたつ(C は定数).これは恒等式だから,$x = 0$ を代入して $C = \dfrac{\pi}{4}$ を得る.したがって二種類の逆三角関数を結びつける式

$$\arctan\sqrt{\frac{1+x}{1-x}} = \frac{1}{2}\arcsin x + \frac{\pi}{4} \quad (-1 < x < 1)$$

が得られた.

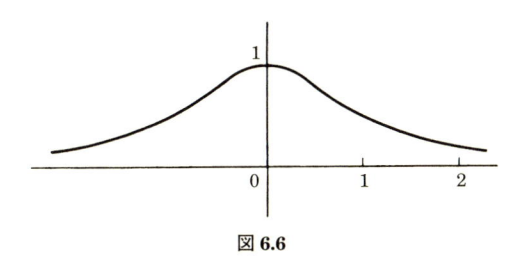

図 6.6

9) $y = \dfrac{1}{1+x^2}$ のグラフは図 6.6 である. $x \to \pm\infty$ のとき, y は 0 に近づく. このグラフと x 軸とに挟まれる部分は非有界領域であるが, その《面積》S を求めよう. 例 2.3 で述べたように, この非有界領域の面積は, まず $y = \dfrac{1}{1+x^2} > 0$ を a から b まで積分し, さらに $a \to -\infty$, $b \to +\infty$ とした極限を取るのである.

$$\int_a^b \frac{dx}{1+x^2} = \Big[\arctan x\Big]_a^b = \arctan b - \arctan a.$$

ここで $a \to -\infty$, $b \to +\infty$ とすると, $\arctan a \to -\dfrac{\pi}{2}$, $\arctan b \to \dfrac{\pi}{2}$ だから, $S = \dfrac{\pi}{2} - \left(-\dfrac{\pi}{2}\right) = \pi$ を得る. これを $S = \displaystyle\int_{-\infty}^{+\infty} \frac{dx}{1+x^2} = \Big[\arctan x\Big]_{-\infty}^{+\infty} = \pi$ と書く.

6.3 関数 arc tan x の級数表示

$$(1+x)(1 - x + x^2 - \cdots + (-1)^n x^n) = 1 + (-1)^n x^{n+1}$$

からただちに

$$\frac{1}{1+x} = \sum_{k=0}^{n} (-1)^k x^k + \frac{(-1)^{n+1} x^{n+1}}{1+x} \quad (x \ne -1)$$

が得られる. $x = u^2$ とすると,

$$\frac{1}{1+u^2} = \sum_{k=0}^{n} (-1)^k u^{2k} + \frac{(-1)^{n+1} u^{2n+2}}{1+u^2}$$

となる. この両辺を 0 から x まで積分すると,

$$\arctan x = \int_0^x \frac{du}{1+u^2} = \sum_{k=0}^n \frac{(-1)^k}{2k+1} x^{2k+1} + R_n(x)$$

となる．ただし，$R_n(x) = \int_0^x \frac{(-1)^{n+1} u^{2n+2}}{1+u^2} du$．

もし $-\leqq x \leqq 1$ なら，

$$|R_n(x)| \leqq \int_0^{|x|} u^{2n+2} du = \frac{|x|^{2n+3}}{2n+3} \leqq \frac{1}{2n+3}$$

だから，$n \to \infty$ のとき $\lim_{n\to\infty} R_n(x) = 0$．すなわち，$-1 \leqq x \leqq 1$ なる任意の x に対して

$$\arctan x = \sum_{n=0}^{\infty} \frac{(-1)^n}{2n+1} x^{2n+1} = x - \frac{1}{3} x^3 + \frac{1}{5} x^5 - \frac{1}{7} x^7 + \cdots$$

という無限級数表示が得られる．これは非常に大事な式である．とくに $x = 1$ とすると，

$$\frac{\pi}{4} = \arctan 1 = 1 - \frac{1}{3} + \frac{1}{5} - \frac{1}{7} + \cdots$$

という驚くべき結果となる．

これによって円周率 π の値をいくらでも精密に計算できるはずだが，右辺の級数の収束（極限に近づくこと）は非常におそい．実際，第 100 項までとっても，つぎに来る項の大きさはほぼ 0.005 である．

そこでつぎのような工夫をする．$\alpha = \arctan \frac{1}{5}$ とすると，4α が $\frac{\pi}{4}$ に近いことに注目する：$(4\alpha = 0.789\cdots, \frac{\pi}{4} = 0.785\cdots)$．加法定理により，

$$\tan 2\alpha = \frac{5}{12}, \quad \tan 4\alpha = 1 + \frac{1}{119},$$

$$\tan\left(4\alpha - \frac{\pi}{4}\right) = \frac{\tan 4\alpha - 1}{\tan 4\alpha + 1} = \frac{1}{239}.$$

$\left|4\alpha - \frac{\pi}{4}\right| < \frac{\pi}{2}$ だから $4\alpha - \frac{\pi}{4} = \arctan \frac{1}{239}$，すなわち

$$\frac{\pi}{4} = 4 \arctan \frac{1}{5} - \arctan \frac{1}{239}.$$

これを級数で書けば，

$$\pi = 16 \left(\frac{1}{5} - \frac{1}{3 \cdot 5^3} + \frac{1}{5 \cdot 5^5} - \frac{1}{7 \cdot 5^7} + \cdots \right) - 4 \left(\frac{1}{239} - \frac{1}{3 \cdot 239^3} + \cdots \right)$$

となる．この第一級数を第6項まで，第二級数を第2項までとると，π の真の値と小数8ケタまで合う．18世紀以来1970年代まで，円周率の計算はこの式，またはこれに類似の無限級数式を使って行なわれてきた．しかし，いまでは全然別の原理による，もっと能率のよい計算式が使われる．

問題 6.1 つぎの関数を微分せよ．

1) $\dfrac{\arctan x}{x}$ 2) $\dfrac{\arcsin x}{\sqrt{x}}$ 3) $\arctan \sqrt{x}$ 4) $\arcsin \dfrac{1-x}{1+x}$

問題 6.2 つぎの関数を積分せよ．

1) $\dfrac{x}{x^4+1}$ ［ヒント：$x^2 = u$ とおく］ 2) $\dfrac{\arcsin x}{\sqrt{1-x^2}}$ ［部分積分］

3) $\dfrac{x^2}{(x^2+1)^2}$ $\left[= x \dfrac{x}{(x^2+1)^2} \text{ と見て部分積分}\right]$

4) $\dfrac{1}{x\sqrt{x^2-1}}$ ［$u = \sqrt{x^2-1}$ とおく］ 5) $\dfrac{\arctan x}{1+x^2}$

問題 6.3 つぎの関係式を示せ．

1) $\arctan(x-1) - \arctan(x+1) = \arctan \dfrac{x^2}{2} - \dfrac{\pi}{2}$

2) $\arcsin \dfrac{x-1}{x+1} = 2 \arctan \sqrt{x} - \dfrac{\pi}{2}$ $(x \geqq 0)$

どちらも両辺を微分して比較し，原始関数の一意性（定理 11.6）を使う．

第7章

指数関数と対数関数(1)

7.1 指 数 関 数

a を実数とする．n が自然数 1, 2, 3, ……のとき，a を n 個掛け合わせたものを a^n と書いた．これが基本である．$a^0 = 1$ と約束する．このとき，つぎの三つの**指数法則**が成りたつ（a の肩に乗っている数 n を指数という）：

1) $a^{m+n} = a^m a^n$.
2) $(a^m)^n = a^{mn}$.
3) $(ab)^n = a^n b^n$.

証明 1) $a^{m+n} = \underbrace{a \cdots\cdots\cdots a}_{m+n \text{ 個}} = \underbrace{a \cdots a}_{m \text{ 個}} \cdot \underbrace{a \cdots a}_{n \text{ 個}} = a^m a^n$.

2) $(a^m)^n = \underbrace{a^m \cdots a^m}_{n \text{ 個}}$ であり，各 a^m には a が m 個ずつあるから，結局 mn 個の a を掛けることになり，これは a^{mn} である．

3) $(ab)^n = \underbrace{(ab)(ab) \cdots (ab)}_{n \text{ 個}} = \underbrace{(a \cdots a)}_{n \text{ 個}} \underbrace{(b \cdots b)}_{n \text{ 個}} = a^n b^n$. □

さて，三つの指数法則がそのまま成りたつように，指数関数 a^x の変数 x の変域を大きくする．

まず $a^{-n} = \dfrac{1}{a^n}$ と定める（ただし，$a \neq 0$）．$a^{-n} \cdot a^n = a^0 = 1$ でなければならないから，この定義は正当である．これで変数 x は正負の整数を動ける．

7.1 指数関数

これから先，a は**正**の実数とする．自然数 n に対し，$a^{\frac{1}{n}} = \sqrt[n]{a}$ と定める．$(a^{\frac{1}{n}})^n = a^1 = a$ だから，当然こう定義しなければならない．

有理数すなわち $x = \dfrac{m}{n}$ の形の分数に対しては $a^{\frac{m}{n}} = (a^{\frac{1}{n}})^m = (a^m)^{\frac{1}{n}}$ と定める．

無理数すなわち有理数でない実数（$\sqrt{2}$, π など）x は有理数列の極限として表わされる．たとえば，x を無限小数で書き，これを小数第 p 位で切った数（これは有理数）を x_p とすると，

$$x = \lim_{p \to \infty} x_p$$

となる．このとき，

$$a^x = \lim_{p \to \infty} a^{x_p}$$

と定める．

こうして，$a > 0$ に対して，a を底とする**指数関数** $y = a^x$ が任意の実数 x に対して定義された．これに対して三つの指数法則がそのまま成りたつことが証明される：

1) $a^{x+y} = a^x a^y$.
2) $(a^x)^y = a^{xy}$.
3) $(ab)^x = a^x b^x$.

$a > 1$ のとき，指数関数 $y = a^x$ は単調増加であり，

$$\lim_{x \to +\infty} a^x = +\infty.$$
$$\lim_{x \to -\infty} a^x = 0.$$

が成りたつ（図 7.1）．

$a > 1$ のとき，指数関数 $y = a^x$ の増加するスピードは非常に速い．たとえば，単項式 x^k ($k = 1, 2, \cdots$) も，$x \to +\infty$ のとき限りなく大きくなるが，a^x はそれよりはるかに速く大きくなる．すなわち

$$\lim_{x \to +\infty} \frac{a^x}{x^k} = +\infty.$$

これはあとで証明する．

図 7.1

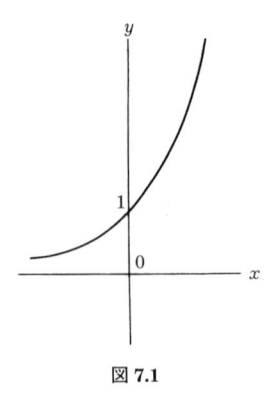

ここで $a = 2$, $k = 100$ として, x が自然数のときの大きさを比較しよう. x が小さいうちは $2^x < x^{100}$ である. たとえば $x = 100$ でも $2^{100} < 100^{100}$. しかし $x = 1000$ とすると, $2^{10} = 1024 > 1000$ だから, $2^{1000} = 2^{10 \times 100} = (2^{10})^{100} > 1000^{100}$ となる.

7.2 対 数 関 数

対数の定義を思いだそう. 1 でない正の数 a を固定する. $x = a^y$ のとき, $y = \log_a x$ と書き, y のことを《a を底(テイ)とする x の対数》と言うのだった. すなわち, **対数関数**は指数関数の逆関数である(図 7.2). $x = a^y$ はつねに正であり, しかも正の実数すべての値をとるから, 対数関数 $y = \log_a x$ は正の実数全体で定義される.

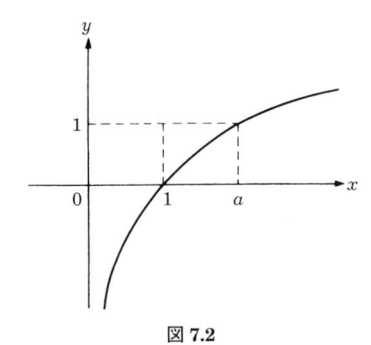

図 7.2

1) $\log_a 1 = 0$, $\log_a a = 1$.

2) $a > 1$ なら対数関数 $y = \log_a x$ は単調増加で，
$$\lim_{x \to +\infty} \log_a x = +\infty, \quad \lim_{x \to +0} \log_a x = -\infty.$$
ただし $x \to +0$ は，変数 x が右から（すなわち正の変数として）0 に近づくことを表わす.

3) $\log_a xy = \log_a x + \log_a y$（乗法定理），とくに $\log_a \dfrac{1}{x} = -\log_a x$. 実際，$u = \log_a x$, $v = \log_a y$ とすると，$xy = a^u a^v = a^{u+v}$ だから，$u + v = \log_a xy$.

4) $\log_a x^t = t \log_a x$. 実際，$u = \log_a x$ とすると，$x^t = (a^u)^t = a^{ut} = a^{tu}$ だから，$\log_a x^t = tu$.

5) $\log_a c = \log_a b \cdot \log_b c$, とくに $\log_a b \cdot \log_b a = 1$. 実際 $u = \log_a b$, $v = \log_b c$ とすると，$c = b^v = (a^u)^v = a^{uv}$, すなわち $\log_a c = uv$. □

$a > 1$ のとき，指数関数が非常に速く大きくなる，という事実を見なおせば（グラフを横から，かつ裏から見れば），$x \to +\infty$ のときの対数関数 $y = \log_a x$ の大きくなりかたは非常におそい，という事実になる.

対数関数の底 a は，実用的には 10 または 2 とすることが多い．しかし，理論的にはもっと都合のよい，非常に大事な底がある．

定理 7.1 t が限りなく 0 に近づくとき，$(1+t)^{\frac{1}{t}}$ はある数に限りなく近づく．

証明は省略する．この極限値
$$\lim_{t \to 0} (1+t)^{\frac{1}{t}} = \lim_{x \to +\infty} \left(1 + \frac{1}{x}\right)^x$$
を**自然対数の底**と言い，e で表わす（18 世紀のオイラー以来，数学全部で通用する記号である）．数 e は，π と並んでもっとも重要な定数である．値は $e = 2.71828\cdots\cdots$.

数 e の定義式で，とくに $t = \dfrac{1}{n}$ ($n = 1, 2, 3, \cdots$) とすると，
$$e = \lim_{n \to \infty} \left(1 + \frac{1}{n}\right)^n.$$

数 e を底とする対数 $\log_e x$ を**自然対数**と言い，e を省略して $\log x$ と書くか，

または $\ln x$ と書く．数学ではもっぱら自然対数を扱うので，以後記号 $\log x$ を使う．**対数関数**はつねにこの $\log x$ を意味する．

7.3 対数関数の導関数

定理 7.2 対数関数 $y = \log x \ (x > 0)$ の導関数は $\dfrac{1}{x}$ である．したがって

$$\int \frac{dx}{x} = \log x.$$

証明 $\dfrac{\log(x+h) - \log x}{h} = \dfrac{1}{h} \log \dfrac{x+h}{x} = \dfrac{1}{h} \log \left(1 + \dfrac{h}{x}\right) = \dfrac{1}{x} \cdot \dfrac{x}{h} \log \left(1 + \dfrac{h}{x}\right).$

ここで $t = \dfrac{h}{x}$ とすると，

$$\frac{\log(x+h) - \log x}{h} = \frac{1}{x} \cdot \frac{1}{t} \log(1+t) = \frac{1}{x} \log(1+t)^{\frac{1}{t}}.$$

$h \to 0$ のとき $t \to 0$ だから，$(1+t)^{\frac{1}{t}} \to e$ となり，$\log e = 1$ だから，

$$\lim_{h \to 0} \frac{\log(x+h) - \log x}{h} = \frac{1}{x}.$$

すなわち $(\log x)' = \dfrac{1}{x}$．□

定理 7.3（対数微分法） 正の値をとる関数 $f(x)$ に対し，$(\log f(x))' = \dfrac{f'(x)}{f(x)}$．したがって

$$\int \frac{f'(x)}{f(x)} dx = \log f(x).$$

証明 合成関数の微分法から明らか．□

注意 1) x が負のとき，$-x$ は正であり，$\dfrac{d}{dx} \log(-x) = \dfrac{-1}{-x} = \dfrac{1}{x}$．したがって $x \neq 0$ に対して

$$\frac{d}{dx} \log |x| = \frac{1}{x}, \quad \int \frac{dx}{x} = \log |x|$$

と書くことができる．

2) 対数微分法を使うと，a が無理数の場合の，関数 $y = x^a$ の微分法の公式が得られる．〔例 4.4 の 3) で証明した公式 $(x^a)' = ax^{a-1}$ は a が有理数の場合だった〕．実際，$y = x^a$ とすると $\log y = a \log x$ だから，両辺を x で微分して

7.3 対数関数の導関数

$\dfrac{y'}{y} = \dfrac{a}{x}$. したがって $y' = \dfrac{a}{x} y = a x^{a-1}$ となる．これまでばらばらに書いてきたことを定理の形にまとめよう．

定理 7.4 $\dfrac{d x^a}{d x} = a x^{a-1}$, $\displaystyle\int x^a d x \begin{cases} \dfrac{x^{a+1}}{a+1} & (a \neq -1 \text{ のとき}) \\ \log|x| & (a = -1 \text{ のとき}). \end{cases}$

例 7.1 1) $\dfrac{d}{d x} \log(1 + x^2) = \dfrac{2x}{1 + x^2}$, $\displaystyle\int \dfrac{x}{x^2 + 1} d x = \dfrac{1}{2} \log(x^2 + 1)$.

2) $\displaystyle\int \arctan x \, d x = \int (x)' \arctan x \, d x$

$= x \arctan x - \displaystyle\int x (\arctan x)' d x$

$= x \arctan x - \displaystyle\int \dfrac{x}{1 + x^2} d x = x \arctan x - \dfrac{1}{2} \log(1 + x^2)$

（部分積分法とすぐ上の例による）．

3) $\dfrac{d}{d x} \log|\sin x| = \dfrac{\cos x}{\sin x} = \dfrac{1}{\tan x}$. $\dfrac{d}{d x} \log|\cos x| = \dfrac{-\sin x}{\cos x} = -\tan x$.

$\displaystyle\int \tan x \, d x = -\log|\cos x|$, $\displaystyle\int \dfrac{d x}{\tan x} = \log|\sin x|$.

4) $\dfrac{d}{d x} \log\left|\dfrac{x - 1}{x + 1}\right| = \dfrac{d}{d x} \log|x - 1| - \dfrac{d}{d x} \log|x + 1|$

$= \dfrac{1}{x - 1} - \dfrac{1}{x + 1} = \dfrac{(x + 1) - (x - 1)}{(x - 1)(x + 1)} = \dfrac{2}{x^2 - 1}.$

したがって $\displaystyle\int \dfrac{d x}{x^2 - 1} = \dfrac{1}{2} \log\left|\dfrac{x - 1}{x + 1}\right|$.

5) $y = x^x$ $(x > 0)$. $\log y = x \log x$ だから，対数微分法によって

$\dfrac{y'}{y} = (x \log x)' = \log x + 1$. よって $(x^x)' = x^x (\log x + 1)$.

6) $\displaystyle\int \log x \, d x = \int (x)' \log x \, d x = x \log x - \int x \cdot \dfrac{1}{x} d x = x \log x - x$.

7) $\displaystyle\int \dfrac{x}{x^4 - 1} d x$. $u = x^2$ とすると $du = 2x d x$ だから，

$\displaystyle\int \dfrac{x}{x^4 - 1} d x = \dfrac{1}{2} \int \dfrac{du}{u^2 - 1} = \dfrac{1}{4} \int \left(\dfrac{1}{u - 1} - \dfrac{1}{u + 1}\right) du$

$$= \frac{1}{4}[\log|u-1| - \log|u+1|] = \frac{1}{4}\log\left|\frac{u-1}{u+1}\right| = \frac{1}{4}\log\frac{|x^2-1|}{x^2+1}.$$

ここで $\dfrac{1}{u^2-1} = \dfrac{1}{2}\left(\dfrac{1}{u-1} - \dfrac{1}{u+1}\right)$ を使った．このような変形を分数式の**部分分数分解**という（第8章で詳しく解説する）．

8) $\displaystyle\int \frac{dx}{x^2-3x+2}$. $x^2 - 3x + 2 = (x-1)(x-2)$ である．このとき，

$$\frac{1}{x^2-3x+2} = \frac{1}{(x-1)(x-2)} = \frac{a}{x-1} + \frac{b}{x-2} \quad (a, b \text{ は定数})$$

の形に部分分数分解される．両辺の分母を払うと，

$$1 = a(x-2) + b(x-1).$$

$x = 1$ として $1 = -a$，$x = 2$ として $1 = b$，したがって

$$\frac{1}{x^2-3x+2} = \frac{1}{x-2} - \frac{1}{x-1},$$

$$\int \frac{dx}{x^2-3x+2} = \int \frac{dx}{x-2} - \int \frac{dx}{x-1} = \log|x-2| - \log|x-1| = \log\left|\frac{x-2}{x-1}\right|.$$

例 7.2 対数関数を使って，大事な和 $1 + \dfrac{1}{2} + \dfrac{1}{3} + \cdots + \dfrac{1}{n}$ が $n \to \infty$ としたときにどうなるかを調べる．

まず $y = \dfrac{1}{x}$ のグラフをかき，幅1の短冊を図7.3（タテ・ヨコの尺度は変えてある）のように作ると，面積の比較から

$$1 + \frac{1}{2} + \frac{1}{3} + \cdots + \frac{1}{n} > \int_1^{n+1} \frac{dx}{x}$$

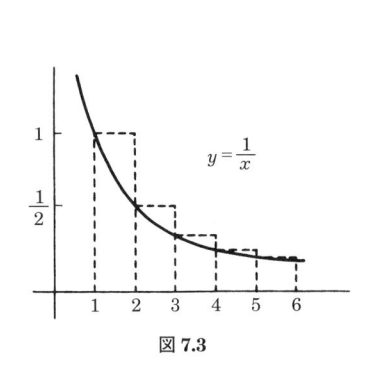

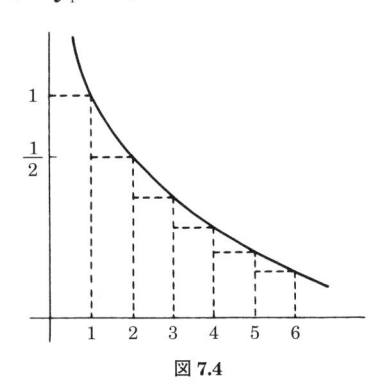

図 7.3　　　　　　　　　　　図 7.4

7.3 対数関数の導関数

となることがすぐ分かる．不等式の右辺は $\log(n+1)$ だから $n \to \infty$ のとき限りなく大きくなる．したがって左辺もそうなる：

$$\lim_{n\to\infty}\left(1+\frac{1}{2}+\cdots+\frac{1}{n}\right)=+\infty.$$

$1+\frac{1}{2}+\cdots+\frac{1}{n}$ を計算してみるとなかなか大きくならない．$n=100$ のとき $5.1873\cdots$，$n=1000$ のとき $7.4857\cdots$ であり，10 あたりに収束するのではないかと思えるほどだ．しかしこれは $+\infty$ に発散するのである．

n をもっと大きくしてみよう．図 7.4 のように，短冊を左側に立てると，面積の比較から

$$1+\frac{1}{2}+\frac{1}{3}+\cdots+\frac{1}{n}<1+\int_1^n\frac{dx}{x}=\log n+1$$

となる．n を 1 兆すなわち 10^{12} とすると，

$$1+\frac{1}{2}+\cdots+\frac{1}{10^{12}}<12\log 10+1<29$$

であり（$\log 10 \fallingdotseq 2.302585$），$n$ の大きさに比べ，和ははかばかしく大きくならない．それでもこの和は $+\infty$ に発散するのである．

問題 7.1 つぎの関数を微分せよ．

1) $\log|x+\sqrt{x^2+a}|$　　2) $\log\dfrac{(x-1)^2}{x^2+1}$　　3) $\sin(\log x)$

4) $\log(\log x)$　　5) $\log\left(\tan\dfrac{x}{2}\right)$.

問題 7.2 つぎの関数を積分せよ．

1) $x\log x$　　2) $\dfrac{\log x}{x}$　　3) $\log(x^2+1)$　　4) $\sin(\log x)$

〔どれも部分積分法が有効である〕

5) $\dfrac{1}{x^2+x-2}$　　6) $\dfrac{1}{x^2+2x}$　〔部分分数分解〕．

問題 7.3 $0<a<b$ のとき，つぎの領域の面積を求めよ．

1) $a\leqq x\leqq b,\ 0\leqq y\leqq\dfrac{1}{x}$　　2) $a\leqq x\leqq b,\ 0\leqq y\leqq\dfrac{1}{x^2}$.

問題 7.4 4本の曲線 $y = \arctan x$, $y = \arctan x + \dfrac{\pi}{2}$, $y = -\arctan x$, $y = -\arctan x + \dfrac{\pi}{2}$ の略図を描き，これらの曲線の囲む領域の面積を求めよ．

第8章

指数関数と対数関数(2)

8.1 指数関数の導関数

はじめに e を底とする指数関数 $y = e^x$ を考える．$x = \log y$ だから，
$$\frac{dy}{dx} = \frac{1}{\frac{dx}{dy}} = \frac{1}{\frac{1}{y}} = y = e^x$$
すなわち，$y = e^x$ の導関数はもとと同じ関数である．当然 $\int e^x dx = e^x$．

つぎに $a > 0$，$a \neq 1$ とする．$y = a^x$ なら $\log y = x \log a$ だから，$\dfrac{y'}{y} = \log a$，すなわち $(a^x)' = a^x \log a$．まとめておこう．

定理 8.1 1) $(e^x)' = e^x$, $\int e^x dx = e^x$.

2) $(a^x)' = a^x \log a$, $\int a^x dx = \dfrac{1}{\log a} a^x$ $(a > 0, \ a \neq 1)$.

定理 8.2 $f'(x) = cf(x)$ (c は定数) をみたす関数で，$f(0) = 1$ となるのは $f(x) = e^{cx}$ だけである．

証明 $f(x)$ が条件をみたすとし，$g(x) = e^{-cx} f(x)$ とおくと，
$$g'(x) = -ce^{-cx} f(x) + e^{-cx} f'(x) \equiv 0$$
($\equiv$ は恒等的に等しいことを強調する記号)．第11章で証明する定理11.5 (原始関数の一意性) によって $g(x) \equiv k$ (定数)．$x = 0$ として $k = g(0) = 1$，すなわち $f(x) = e^{cx}$． □

例 8.1 1) $(e^x x^a)' = e^x x^a + a e^x x^{a-1}$ ［積の微分法］.

2) $\left(\dfrac{e^x}{x}\right)' = \dfrac{e^x x - e^x}{x^2} = \dfrac{e^x(x-1)}{x^2}$ ［商の微分法］.

3) $(e^{ax} \sin bx)' = a e^{ax} \sin bx + b e^{ax} \cos bx$,

$(e^{ax} \cos bx)' = a e^{ax} \cos bx - b e^{ax} \sin bx$.

これからつぎの二つの積分公式が得られる：

$$\int e^{ax} \sin bx \, dx = \frac{e^{ax}}{a^2 + b^2} (a \sin bx - b \cos bx),$$

$$\int e^{ax} \cos bx \, dx = \frac{e^{ax}}{a^2 + b^2} (b \sin bx + a \cos bx).$$

4) $x > 0$ なら $e^x > x + 1$. 実際, $f(x) = e^x - x - 1$ とおくと $f'(x) = e^x - 1 > 0$ $(x > 0)$ だから $y = f(x)$ のグラフは右あがり, すなわち単調増加である. $f(0) = 0$ だから $f(x) > 0$ $(x > 0)$.

8.2 対数関数 $\log(1+x)$ の級数表示

第 6 章で $\arctan x$ の級数表示のときに使った式

$$\frac{1}{1+x} = \sum_{k=0}^{n} (-1)^k x^k + \frac{(-1)^{n+1} x^{n+1}}{x+1} \quad (x \neq -1)$$

の両辺を 0 から x $(x > -1)$ まで積分すると,

$$\log(1+x) = \int_0^x \frac{dx}{1+x} = \sum_{k=0}^{n} \frac{(-1)^k x^{k+1}}{k+1} + R_n(x) \quad (x > -1)$$

となる. ただし, $R_n(x) = \displaystyle\int_0^x \frac{(-1)^{n+1} u^{n+1}}{u+1} du$.

もし $0 \leqq x \leqq 1$ なら,

$$|R_n(x)| \leqq \int_0^x u^{n+1} du = \frac{x^{n+2}}{n+2} \longrightarrow 0 \quad (n \to \infty \text{ のとき}).$$

また, $-1 < x < 0$ なら,

$$|R_n(x)| = \int_0^{-x} \frac{u^{n+1}}{1-u} du \leqq \frac{1}{1+x} \int_0^{-x} u^{n+1} du$$

$$= \frac{1}{1+x} \frac{(-x)^{n+2}}{n+2} \longrightarrow 0 \quad (n \to \infty \text{ のとき})$$

8.2 対数関数 $\log(1+x)$ の級数表示

となる．したがって，$-1 < x \leq 1$ なる任意の x に対して（$k+1$ を n と書いて）

$$\log(1+x) = \sum_{n=1}^{\infty} \frac{(-1)^{n-1}}{n} x^n = x - \frac{1}{2}x^2 + \frac{1}{3}x^3 - \frac{1}{4}x^4 + \cdots \quad (-1 < x \leq 1) \quad (1)$$

という無限級数表示が得られる．これも非常に大事である．条件 $-1 < x \leq 1$ を忘れてはならない．

式(1)でとくに $x = 1$ とすれば，

$$\log 2 = 1 - \frac{1}{2} + \frac{1}{3} - \frac{1}{4} + \cdots \quad (2)$$

という驚くべき結果となる．

手間をいとわなければ，この式によって $\log 2$ をいくらでも精密に計算することができる．しかし級数(2)の収束も非常におそい．第100項まで計算しても，真の値とは小数1ケタしか合わない（近似値は $0.68817218\cdots$，真の値は $0.69314718\cdots$）．

そこで，$\log 2$ だけでなく，一般に $\log x$ を速く計算するために式を変形する．式(1)で x を $-x$ に変えると，

$$-\log(1-x) = x + \frac{1}{2}x^2 + \frac{1}{3}x^3 + \frac{1}{4}x^4 + \cdots \quad (-1 \leq x < 1) \quad (3)$$

となる．(1)と(3)を足して2で割ると

$$\frac{1}{2}\log\frac{1+x}{1-x} = x + \frac{1}{3}x^3 + \frac{1}{5}x^5 + \cdots \quad (-1 < x < 1) \quad (4)$$

が得られる．$y = \dfrac{1+x}{1-x}$ とおくと，$x = \dfrac{y-1}{y+1}$ であり，$y = 2$ のとき $x = \dfrac{1}{3}$ だから

$$\log 2 = 2\left(\frac{1}{3} + \frac{1}{3 \cdot 3^3} + \frac{1}{5 \cdot 3^5} + \frac{1}{7 \cdot 3^7} + \cdots\right)$$

$$= \frac{2}{3}\left(1 + \frac{1}{3 \cdot 9} + \frac{1}{5 \cdot 9^2} + \frac{1}{7 \cdot 9^3} + \cdots\right) \quad (5)$$

となる．これで $\log 2$ を計算すると，第10項までで $0.69314718\cdots$ となり，真の値と小数8ケタまで合う．

y が小さくなれば x も小さくなる．実際，$\dfrac{dx}{dy} = \dfrac{(y+1) - (y-1)}{(y+1)^2} = \dfrac{2}{(y+1)^2}$

> 0 だから，y の関数として x は単調増加である．だから，$1 < y < 2$ なる y に対して，(4) は (5) より速く収束する．たとえば $y = 1.5$ とすると $x = \frac{1}{5}$ だから，

$$\log 1.5 = 2\left(\frac{1}{5} + \frac{1}{3 \cdot 5^3} + \frac{1}{5 \cdot 5^5} + \frac{1}{7 \cdot 5^7} + \cdots\right)$$

$$= \frac{2}{5}\left(1 + \frac{1}{3 \cdot 25} + \frac{1}{5 \cdot 25^2} + \frac{1}{7 \cdot 25^3} + \cdots\right)$$

$$\fallingdotseq 0.40546511.$$

1 より大きい任意の実数 z は $z = 2^n y$ $(1 \leqq y < 2,\ n = 0, 1, 2, \cdots)$ と書けるから，$\log z = n \log 2 + \log y$ によって $\log z$ が計算できる．たとえば

$$\log 3 = \log 2 + \log 1.5 \fallingdotseq 1.09861229,$$

$$\log 5 = \log\left(2^2 \cdot \frac{5}{4}\right) = 2\log 2 + \log \frac{5}{4},$$

$$\log \frac{5}{4} = \frac{2}{9}\left(1 + \frac{1}{3 \cdot 81} + \frac{1}{5 \cdot 81^2} + \cdots\right) \fallingdotseq 0.22314355.$$

ちなみに $\log 5 \fallingdotseq 1.60943791$．

$$\log 10 = \log 2 + \log 5 = 3\log 2 + \log \frac{5}{4} \fallingdotseq 2.30258509.$$

8.3 部分分数分解

例 7.1 の 7)，8) で見たように，

$$\frac{1}{x^2 - 1} = \frac{1}{2}\left(\frac{1}{x-1} - \frac{1}{x+1}\right),\quad \frac{1}{x^2 - 3x + 2} = \frac{1}{x-2} - \frac{1}{x-1}$$

という分解ができた．これを有理関数の**部分分数分解**という．

一般に $a_1, a_2, \cdots, a_n$ が互いに異なる数で，$f(x)$ が $n-1$ 次以下の多項式なら，

$$\frac{f(x)}{(x-a_1)(x-a_2)\cdots(x-a_n)} = \frac{A_1}{x-a_1} + \frac{A_2}{x-a_2} + \cdots + \frac{A_n}{x-a_n}$$

という分解ができる（証明略）．$A_1, A_2, \cdots, A_n$ は定数である．これによって有理関数の原始関数が計算できる．

例 8.2 1) $\dfrac{x+1}{x(x-1)(x+2)} = \dfrac{\alpha}{x} + \dfrac{\beta}{x-1} + \dfrac{\gamma}{x+2}$ として分母を払うと，

8.3 部分分数分解

$$x+1 = \alpha(x-1)(x+2) + \beta x(x+2) + \gamma x(x-1).$$

順に $x = 0, 1, -2$ として, $1 = -2\alpha$, $2 = 3\beta$, $-1 = 6\gamma$. よって

$$\frac{x+1}{x(x-1)(x+2)} = \frac{1}{6}\left(-\frac{3}{x} + \frac{4}{x-1} - \frac{1}{x+2}\right)$$

を得る（右辺を通分して検算せよ）. つぎに

$$\int \frac{x+1}{x(x-1)(x+2)}\,dx = \frac{1}{6}(-3\log|x| + 4\log|x-1| - \log|x+2|)$$

$$= \frac{1}{6}\log\frac{|x-1|^4}{|x|^3|x+2|}.$$

2) $\dfrac{x+1}{(x-1)^2(x+2)}$ のように, 分母に $(x-a)^k$ $(k>1)$ の形があるときは, 上のようにはいかないが,

$$\frac{x+1}{(x-1)^2(x+2)} = \frac{\alpha}{(x-1)^2} + \frac{\beta}{x-1} + \frac{\gamma}{x+2}$$

の形になる（証明略）. 分母を払うと,

$$x+1 = \alpha(x+2) + \beta(x-1)(x+2) + \gamma(x-1)^2.$$

$x = 1, -2$ として $2 = 3\alpha$, $-1 = 9\gamma$, $x = 0$ として $1 = 2\alpha - 2\beta + \gamma$. よって $\alpha = \frac{2}{3}$, $\gamma = -\frac{1}{9}$, $\beta = \frac{1}{9}$ となり,

$$\frac{x+1}{(x-1)^2(x+2)} = \frac{1}{9}\left[\frac{6}{(x-1)^2} + \frac{1}{x-1} - \frac{1}{x+2}\right].$$

$$\int \frac{x+1}{(x-1)^2(x+2)}\,dx = \frac{1}{9}\left(\log\left|\frac{x-1}{x+2}\right| - \frac{6}{x-1}\right).$$

3) $\dfrac{x}{(x^2+1)(x-1)}$ のように, 分母が 1 次式の積に分解できないときは 2 次式のまま扱う.

$$\frac{x}{(x^2+1)(x-1)} = \frac{ax+b}{x^2+1} + \frac{c}{x-1}$$

の形に分解できる（証明略）. 前と同様に,

$$x = (ax+b)(x-1) + c(x^2+1).$$

係数を決めて,

$$\frac{x}{(x^2+1)(x-1)} = \frac{1}{2}\left(\frac{1}{x-1} - \frac{x-1}{x^2+1}\right).$$

$$\int \frac{x}{(x^2+1)(x-1)}\,dx = \frac{1}{2}\left[\int \frac{dx}{x-1} - \int \frac{x}{x^2+1}\,dx + \int \frac{dx}{x^2+1}\right]$$
$$= \frac{1}{4}\log\frac{(x-1)^2}{x^2+1} + \frac{1}{2}\arctan x.$$

4) $\quad \dfrac{x+1}{x^4+x^2} = \dfrac{x+1}{x^2(x^2+1)} = \dfrac{a}{x} + \dfrac{b}{x^2} + \dfrac{cx+d}{x^2+1}.$

$$x+1 = ax(x^2+1) + b(x^2+1) + x^2(cx+d)$$
$$= (a+c)x^3 + (b+d)x^2 + ax + b$$

から，$x^k\,(k=0,1,2,3)$ の係数を順に比較して $a=b=1,\ c=d=-1$ を得る：

$$\frac{x+1}{x^4+x^2} = \frac{1}{x} + \frac{1}{x^2} - \frac{x+1}{x^2+1}.$$
$$\int \frac{x+1}{x^4+x^2}\,dx = \log|x| - \frac{1}{x} - \frac{1}{2}\log(x^2+1) - \arctan x$$
$$= \frac{1}{2}\log\frac{x^2}{x^2+1} - \frac{1}{x} - \arctan x.$$

問題 8.1 つぎの関数を微分せよ．

1) $e^{x+\frac{1}{x}}$ 　　2) e^{-x^2} 　　3) $e^{\arctan x}$ 　　4) $\arctan e^x$

5) $\log(e^x + e^{-x})$ 　　6) $e^{\sqrt{x}}$

問題 8.2 つぎの関数を積分せよ．

1) xe^x 　　2) $x^2 e^x$ 　　3) xe^{-x^2} 　　4) $\dfrac{1}{e^x + e^{-x}}$ 　　5) $e^{\sqrt{x}}$

6) $\dfrac{1}{x^3-x}$ 　　7) $\dfrac{x+2}{x^3-x}$ 　　8) $\dfrac{x^2}{x^3-1}$ 　　9) $\dfrac{1}{x^3-1}$ 　　10) $\dfrac{1}{x^3+x}$

問題 8.3 $y = e^{-x}\ (x \geqq 0)$ のグラフが x 軸，y 軸とともに囲む非有界領域の面積を求めよ．

第9章

定積分の応用(1)

9.1 区 分 求 積 法

$y = f(x) \geqq 0$ のとき,図 9.1 の斜線部分の面積が,定積分
$$\int_a^b f(x)dx$$
で表わされることは第 2 章で示した.こういう領域の面積を求める練習も十分にやったので,ここでは繰りかえさない.

つぎのことだけ確認しておきたい.閉区間 $a \leqq x \leqq b$ を n 等分し,等分点を $a = a_0 < a_1 < a_2 < \cdots < a_{n-1} < a_n = b$ とする.
$$a_i = a + \frac{i}{n}(b-a) \quad (0 \leqq i \leqq n)$$
である.図 9.2 のように,小区間 $a_{i-1} \leqq x \leqq a_i (1 \leqq i \leqq n)$ の上 ($f(x) < 0$ なら

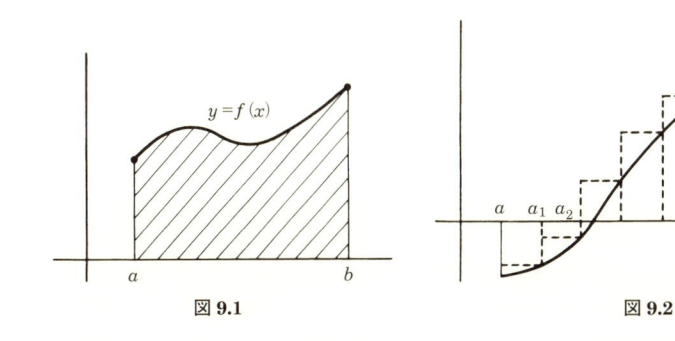

図 9.1

図 9.2

下）にある部分の面積を短冊（タンザク：幅のせまい方形）の面積で近似する．高さはたとえば右端の点 a_i での関数値 $f(a_i)$ とすると，短冊の面積は

$$f(a_i)(a_i - a_{i-1}) = f(a_i)\frac{b-a}{n} \quad (1 \leqq i \leqq n)$$

である．これらの総和

$$\sum_{i=1}^{n} f(a_i)(a_i - a_{i-1})$$

は，n を大きくしていくと $y = f(x)$ のグラフと x 軸との間の面積（$f(x) < 0$ の部分ではそれにマイナスをつけたもの），すなわち

$$\int_a^b f(x)dx$$

に近づく．

こうして定積分を求めることを**区分求積法**という．もちろん，右端のかわりに左端の点 a_{i-1} での関数値 $f(a_{i-1})$ を取ってもよいし，小区間のまんなかの点での関数値 $f\left(\dfrac{a_{i-1}+a_i}{2}\right)$ を取ってもよい．**定積分は和の極限である**．

9.2 極 座 標

いままでもっぱら直交座標を使ってきたが，平面の座標系として大事なものに**極座標**がある．

直交座標のある平面の，原点以外の点 P(x, y) を考える（図 9.3）．線分 OP の長さを r とし，x 軸の正方向から左まわりに線分 OP までの角を θ とする．$r > 0$, $0 \leqq \theta < 2\pi$ である．数のペア (r, θ) を点 P の**極座標**という．原点は例外である．

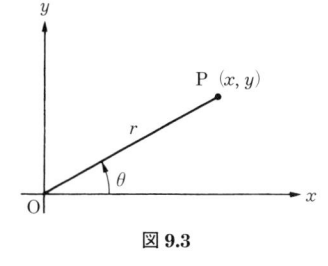

図 9.3

逆に，はじめにペア (r, θ) があれば，それを極座標とする点 P が定まる．したがって極座標は平面の座標系としての資格をもっている．二つの式

$$x = r\cos\theta, \ y = r\sin\theta$$

が直交座標と極座標とを結びつける．

9.2 極座標

例 9.1 1) $r = \sin\theta \; (0 \leqq \theta \leqq \pi)$. θ を 0 から π まで動かすと，x 軸の上側にまるい図形（図 9.4）ができる．これが本当に円であることがつぎのようにしてわかる．

$$x^2 + y^2 = r^2\cos^2\theta + r^2\sin^2\theta = r^2 = r\sin\theta = y$$

だから，

$$x^2 + \left(y - \frac{1}{2}\right)^2 = \left(\frac{1}{2}\right)^2$$

図 9.4

となり，この点 $\left(0, \dfrac{1}{2}\right)$ を中心とする半径 $\dfrac{1}{2}$ の円である．

2) $(x^2 + y^2)^2 = 2a^2(x^2 - y^2) \; (a > 0)$.

このままではこれがどんな図形を表わすのか見当もつかないが，極座標になおすと，

$$(x^2 + y^2)^2 = (r^2)^2 = r^4,$$
$$2a^2(x^2 - y^2) = 2a^2r^2(\cos^2\theta - \sin^2\theta) = 2a^2r^2\cos 2\theta$$

だから，

$$r^2 = 2a^2\cos 2\theta$$

となる．はじめの式から，図形が x 軸に関しても y 軸に関しても対称なことはすぐわかる．だから，θ を 0 から $\dfrac{\pi}{2}$ まで動かすと，ほぼ図 9.5 の第 1 象限の部分がかける（$\dfrac{\pi}{4}$ から $\dfrac{\pi}{2}$ までは図形がない）．この図の曲線を**レムニスケート**という．

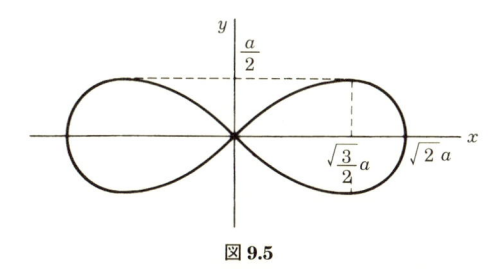

図 9.5

9.3 極領域の面積

はじめに,円の一部で,角 θ をはさむ二本の半径の間の部分(これを**扇形**という)を考える(図 9.6).半径 r が同じならば,扇形の面積は角 θ に比例する.円全部の場合,角は 2π で面積は πr^2 だから,扇形の面積は

$$\pi r^2 \cdot \frac{\theta}{2\pi} = \frac{1}{2} r^2 \theta$$

で与えられる.

定理 9.1 極座標で

$$r = f(\theta) \quad (a \leqq \theta \leqq b)$$

という関数があるとき,図 9.7 で示される領域(これを**極領域**または**角領域**という)

$$a \leqq \theta \leqq b, \ 0 \leqq r \leqq f(\theta)$$

の面積 S は

$$S = \frac{1}{2} \int_a^b f(\theta)^2 \, d\theta$$

で与えられる.

証明 a から b までの角を n 等分して,小さな角 $\Delta\theta = \dfrac{b-a}{n}$ をかこむ角領域を考える.その i 番目の角領域(図 9.8)の面積は,ほぼ半径 $f(\theta_i)$ ($f(\theta_{i-1})$ でもよい)の扇形の面積

$$\frac{1}{2} f(\theta_i)^2 \Delta\theta$$

なので,これらの総和の極限として,

$$S = \lim_{\Delta\theta \to 0} \sum_{i=1}^n \frac{1}{2} f(\theta_i)^2 \Delta\theta = \frac{1}{2} \int_a^b f(\theta)^2 \, d\theta$$

が得られる. □

例 9.2 1) さっきの例 9.1 の 2) のレムニスケート(図 9.5)の囲む領域の

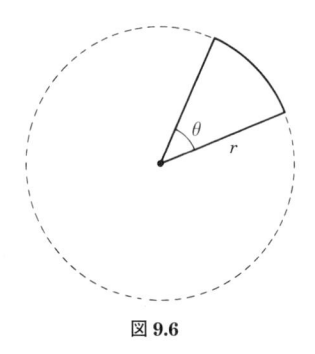

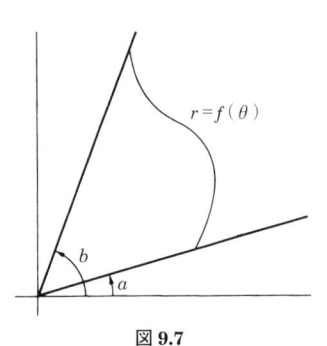

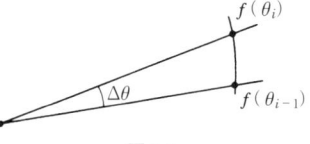

9.3 極領域の面積

面積 S を求める．直交座標ではどうにもならないから，極座標による表示
$$r^2 = 2a^2 \cos 2\theta$$
を使う．第 1 象限で図形のあるのは $0 \leqq \theta \leqq \dfrac{\pi}{4}$ の範囲だから，
$$S = 4 \cdot \frac{1}{2} \int_0^{\frac{\pi}{4}} r^2 d\theta = 4a^2 \int_0^{\frac{\pi}{4}} \cos 2\theta d\theta = 2a^2.$$

2) 二つの楕円
$$\frac{x^2}{a^2} + \frac{y^2}{b^2} = 1, \ \frac{x^2}{b^2} + \frac{y^2}{a^2} = 1 \ (0 < b \leqq a)$$
の共通部分（図 9.9）の面積 S を求める．

タテながの楕円 $\dfrac{x^2}{b^2} + \dfrac{y^2}{a^2} = 1$ を極座標で書くと，
$$\frac{r^2 \cos^2 \theta}{b^2} + \frac{r^2 \sin^2 \theta}{a^2} = 1$$
だから，
$$r^2 = \frac{a^2 b^2}{a^2 \cos^2 \theta + b^2 \sin^2 \theta}$$
と書ける．図 9.9 の斜線部分の極領域の面積は $\dfrac{1}{2} \int_0^{\frac{\pi}{4}} r^2 d\theta$ だから，
$$S = 8 \cdot \frac{1}{2} \int_0^{\frac{\pi}{4}} r^2 d\theta = 4a^2 b^2 \int_0^{\frac{\pi}{4}} \frac{d\theta}{a^2 \cos^2 \theta + b^2 \sin^2 \theta}$$
$$= 4a^2 b^2 \int_0^{\frac{\pi}{4}} \frac{1}{a^2 + b^2 \tan^2 \theta} \cdot \frac{d\theta}{\cos^2 \theta}$$

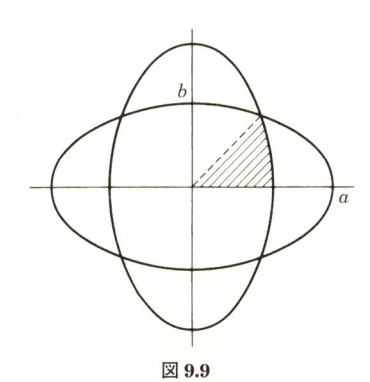

図 9.9

となる．$u = \tan\theta$ とすると，θ が 0 から $\frac{\pi}{4}$ まで動くとき，u は 0 から 1 まで動き，$du = \dfrac{d\theta}{\cos^2\theta}$ だから，

$$S = 4a^2b^2 \int_0^1 \frac{du}{a^2 + b^2 u^2} = 4a^2 \int_0^1 \frac{du}{\left(\dfrac{a}{b}\right)^2 + u^2}$$

$$= 4a^2 \left[\frac{b}{a} \arctan \frac{b}{a} u\right]_0^1 = 4ab \cdot \arctan \frac{b}{a}. \quad \square$$

直交座標のままでも計算できる．やってごらんなさい．

9.4 回転図形の体積

ここでまた直交座標に戻る．

定理 9.2 $a \leqq x \leqq b$ での連続関数 $y = f(x)$ が $f(x) \geqq 0$ をみたすとき，このグラフを x 軸のまわりに回転して得られる筒型の図形（図 9.10）の内部の体積 V は

$$V = \pi \int_a^b f(x)^2 dx$$

で与えられる．

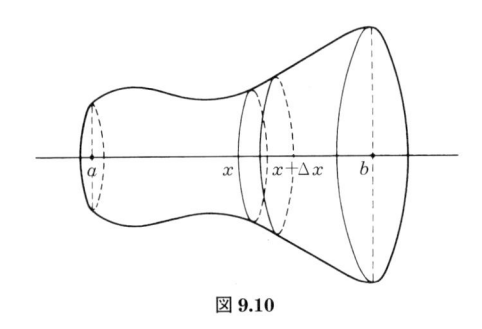

図 9.10

証明 区間を n 等分し，分点を $a = x_0 < x_1 < \cdots < x_{n-1} < x_n = b$ とする．小区間の幅は $\Delta x = \dfrac{b-a}{n}$ である．x_{i-1} と x_i の間の薄い円板の体積はほぼ $\pi f(x_i)^2 \Delta x$ だから，それらの和の極限として，

朝倉書店〈数学関連書〉ご案内

19世紀の数学 I ―数理論理学・代数学・数論・確率論―
A.N.コルモゴロフ他編　三宅克哉監訳
A5判 360頁 定価6720円（本体6400円）（11741-7）

〔内容〕数理論理学（ライプニッツの記号論理学／ブール代数他）／代数と代数的数論（代数学の進展／代数的数論と可換環論の始まり他）／数論（2次形式の数論／数の幾何学他）／確率論（ラプラスの確率論／ガウスの貢献／数理統計学の起源他）

19世紀の数学 II ―幾何学・解析関数論―
A.N.コルモゴロフ他編　小林昭七監訳
A5判 368頁 定価6720円（本体6400円）（11742-4）

〔内容〕解析幾何と微分幾何／射影幾何学／代数幾何と幾何代数／非ユークリッド幾何／多次元の幾何学／トポロジー／幾何学的変換／解析関数論／複素数／複素積分／コーシーの積分定理，留数／楕円関数／超幾何関数／モジュラー関数／他

現代数学の源流（上）―複素関数論と複素整数論―
佐武一郎著
A5判 232頁 定価4830円（本体4600円）（11117-0）

現代数学に多大な影響を与えた19世紀後半～20世紀前半の数学の歴史を，複素数を手がかりに概観。〔内容〕複素数前史／複素関数論／解析的延長：ガンマ関数とゼータ関数／代数的整数論への道／付記：ベルヌーイ多項式，ディリクレ指標／他

現代数学の源流（下）―抽象的曲面とリーマン面―
佐武一郎著
A5判 244頁 定価4830円（本体4600円）（11121-7）

曲面の幾何学的構造を中心に，複素数の幾何学的応用から代数関数論の導入部までを丁寧に解説。〔内容〕曲面の幾何学／抽象的曲面（多様体）／複素曲面（リーマン面）／代数関数論概説／付記：不連続群，閉リーマン面のホモロジー群／他

数学の流れ30講（上）―16世紀まで―
志賀浩二著
A5判 208頁 定価3045円（本体2900円）（11746-2）

数学とはいったいどんな学問なのか，それはどのようにして育ってきたのか，その時代背景を考察しながら珠玉の文章で読者と共に旅する。〔内容〕水源は不明でも／エジプトの数学／アラビアの目覚め／中世イタリア都市の反映／大航海時代／他

数学の流れ30講（中）―17世紀から19世紀まで―
志賀浩二著
A5判 240頁 定価3570円（本体3400円）（11747-9）

微積分はまったく新しい数学の世界を生んだ。本書は巨人ニュートン，ライプニッツ以降の200年間の大河の流れを旅する。〔内容〕ネピアと対数／微積分の誕生／オイラーの数学／フーリエとコーシーの関数／アーベル，ガロアからリーマンへ

数学のあゆみ（上）
J.スティルウェル著　上野健爾・浪川幸彦監訳　田中紀子訳
A5判 288頁 定価5775円（本体5500円）（11105-7）

中国・インドまで視野に入れて高校生から読める数学の歩み〔内容〕ピタゴラスの定理／ギリシャ幾何学／ギリシャ時代における数論および無限／アジアにおける数論／多項式／解析幾何学／射影幾何学／微分積分学／無限級数／蘇った数論

数学のあゆみ（下）
J.スティルウェル著　上野健爾・浪川幸彦監訳　林 芳樹訳
A5判 328頁 定価5775円（本体5500円）（11118-7）

上巻に続いて20世紀につながる数学の大きな流れを平易に解説。〔内容〕楕円関数／力学／代数の中の複素数／複素数と曲線／複素数と関数／微分幾何／非ユークリッド幾何学／群論／多元数／代数的整数論／トポロジー／集合・論理・計算

集合・位相・測度
志賀浩二著
A5判 256頁 定価5250円（本体5000円）（11110-1）

集合・位相・測度は，数学を学ぶ上でどうしても越えなければならない3つの大きな峠ともいえる。カントルの独創で生まれた集合論から無限概念を取り入れたルベーグ積分論までを，演習問題とその全解答も含めて解説した珠玉の名著

確率・統計 ―文章題のモデル解法―
岡部靖憲著
A5判 196頁 定価2940円（本体2800円）（11127-9）

中学・高校・大学の確率・統計の初歩的かつ基本的な多くの文章題のモデル解法について懇切丁寧に詳述。〔内容〕文章題／集合／場合の数を求める文章題のモデル解法／確率を求める文章題のモデル解法／統計学における文章題のモデル解法

現代基礎数学
新井仁之・小島定吉・清水勇二・渡辺 治編集

1. 数学の言葉と論理
渡辺 治・北野晃朗・木村泰紀・谷口雅治著
A5判 228頁 定価3465円（本体3300円）（11751-6）

数学は科学技術の共通言語といわれる。では，それを学ぶには？ 英語などと違い，語彙や文法は簡単であるがちょっとしたコツや注意が必要で，そこにつまづく人も多い。本書は，そのコツを学ぶための書，数学の言葉の使い方の入門書である。

3. 線形代数の基礎
和田昌昭著
A5判 176頁 定価2940円（本体2800円）（11753-0）

線形代数の基礎的内容を，計算と理論の両面からやさしく解説した教科書。独習用としても配慮。〔内容〕連立1次方程式と掃き出し法／行列／行列式／ユークリッド空間／ベクトル空間と線形写像の一般論／線形写像の行列表示と標準化／付録

7. 微積分の基礎
浦川 肇著
A5判 228頁 定価3465円（本体3300円）（11757-8）

1変数の微積分，多変数の微積分の基礎を平易に解説。計算力を養い，かつ実際に使えるよう配慮された理工系の大学・短大・専門学校の学生向け教科書。〔内容〕実数と連続関数／1変数関数の微分／1変数関数の積分／偏微分／重積分／級数

8. 微積分の発展
細野 忍著
A5判 176頁 定価2940円（本体2800円）（11758-5）

ベクトル解析入門とその応用を目標にして，多変数関数の微分積分を学ぶ。扱う事柄を精選し，焦点を絞って詳しく解説する。〔内容〕多変数関数の微分／多変数関数の積分／逆関数定理・陰関数定理／ベクトル解析入門／ベクトル解析の応用

12. 位相空間とその応用
北田韶彦著
A5判 168頁 定価2940円（本体2800円）（11762-2）

物理学や各種工学を専攻する人のための現代位相空間論の入門書。連続体理論をフラクタル構造など離散力学系との関係ので新しい結果を用いながら詳しく解説。〔内容〕usc写像／分解空間／弱い自己相似集合（デンドライトの系列）／他

13. 確率と統計
藤澤洋徳著
A5判 224頁 定価3465円（本体3300円）（11763-9）

具体例を動機として確率と統計を少しずつ創っていくという感覚で記述。〔内容〕確率と確率空間／確率変数と確率分布／確率変数の変数変換／大数の法則と中心極限定理／標本と統計的推測／点推定／区間推定／検定／線形回帰モデル／他

基礎数理講座
初めて学ぶ学生から，再び基礎をじっくりと学びたい人々のための叢書

1. 数理計画
刀根 薫著
A5判 248頁 定価4515円（本体4300円）（11776-9）

理論と算法の緊密な関係につき，問題の特徴，問題の構造，構造に基づく算法，算法を用いた解の実行，といった流れで平易に解説。〔内容〕線形計画法／凸多面体と線形計画法／ネットワーク計画法／非線形計画法／組合せ計画法／包絡分析法

2. 確率論
高橋幸雄著
A5判 288頁 定価3780円（本体3600円）（11777-6）

難解な確率の基本を，定義・定理を明解にし，例題および演習問題を多用し実践的に学べる教科書〔内容〕組合せ確率／離散確率空間／確率の公理と確率空間／独立確率変数と大数の法則／中心極限定理／確率過程／離散時間マルコフ連鎖／他

4. 数理モデル
柳井 浩著
A5判 224頁 定価4095円（本体3900円）（11779-0）

物事をはっきりと合理的に考えてゆくにはモデル化が必要である。本書は，多様な分野を扱い，例題および演習問題を豊富に用い，個々のモデル作りに多くのヒントを与えるものである。〔内容〕相平面／三角座標／累積図／漸化過程／直線座標／付録

シリーズ〈科学のことばとしての数学〉
「ユーザーの立場」から書いた数学のテキスト

経営工学の数理 I
宮川雅巳・水野眞治・矢島安敏著
A5判 224頁 定価3360円（本体3200円）（11631-1）

経営工学に必要な数理を，高校数学のみを前提とし一からたたき込む工学の立場からのテキスト。〔内容〕命題と論理／集合／写像／選択公理／同値と順序／濃度／距離と位相／点列と連続関数／代数の基礎／凸集合と凸関数／多変数解析／積分他

経営工学の数理 II
宮川雅巳・水野眞治・矢島安敏著
A5判 192頁 定価3150円（本体3000円）（11632-8）

経営工学のための数学のテキスト。II巻では線形代数を中心に微分方程式・フーリエ級数まで扱う〔内容〕ベクトルと行列／行列の基本変形／線形方程式／行列式／内積と直交性／部分空間／固有値と固有ベクトル／微分方程式／ラプラス変換他

統計学のための数学入門30講
永田 靖著
A5判 224頁 定価3045円（本体2900円）（11633-5）

統計のための「使える」数学のテキスト。必要なエッセンスをまとめ，実際の場面での使い方を解説。〔内容〕微積分（基礎事項アラカルト／極値／広義積分他）／線形代数（ランク／固有値他）／多変数の微積分／問題解答／「統計学ではこう使う」他

機械工学のための数学 I ─基礎数学─
東京工業大学機械科学科編　杉本浩一他著
A5判 224頁 定価3570円（本体3400円）（11634-2）

大学学部の機械系学科の学生が限られた数学の時間で習得せねばならない数学の基礎を機械系の例題を交えて解説。〔内容〕線形代数／ベクトル解析／常微分方程式／複素関数／フーリエ解析／ラプラス変換／偏微分方程式／例題と解答

機械工学のための数学 II ─基礎数値解析法─
東京工業大学機械科学科編　大熊政明他著
A5判 160頁 定価3045円（本体2900円）（11635-9）

機械系の分野では I 巻の基礎数学と同時に，コンピュータで効率よく求める数値解析法の理解も必要であり，本書はその中から基本的な手法を解説〔内容〕線形代数／非線形方程式／数値積分／常微分方程式の初期値問題／関数補間法／最適化法

建築工学のための数学
加藤直樹・鉾井修一・高橋大弐・大崎 純著
A5判 176頁 定価3045円（本体2900円）（11636-6）

大学の建築系学科の学生が限られた数学の時間で習得せねばならない数学の基礎を建築系の例題を交えて解説。また巻末には，ていねいな解答と魅力的なコラムを掲載。〔内容〕常微分方程式／フーリエ変換／ラプラス変換／変分法／確率と統計

数学公式活用事典（新装版）
秀島照次編
B5判 312頁 定価7875円（本体7500円）（11120-0）

高校生，大学生および社会人を対象に，数学の定理や公式・理論を適宜タイミングよく利用し，数学の基礎を理解するとともに，数学を使って実務用の問題を解くための手がかりを与えるものである。各項目ごとに読切りとして，その項目だけ読んでも理解できるよう工夫した。記述は簡潔で読みやすく，例題を多数使ってわかりやすく，かつ実用的に解説した。〔内容〕代数／関数／平面図形・空間図形／行列・ベクトル／数列・極限／微分法／積分法／順列・組合せ／確率・統計

コンピュータ代数ハンドブック
山本 慎・三好重明・原 正雄・谷 聖一・衛藤和文訳
A5判 1040頁 定価31500円（本体30000円）（11106-4）

多項式演算，行列算，不定積分などの代数的計算をコンピュータで数式処理する際のアルゴリズムとその数学的基礎を，実用性を重視して具体的に解説。"Modern Computer Algebra(2nd.ed.)"（Cambridge Univ. Press, 2003）の翻訳。〔内容〕ユークリッドのアルゴリズム／モジュラアルゴリズムと補間／終結式と最小公倍数の計算／高速乗算／ニュートン反復法／フーリエ変換と画像圧縮／有限体上の多項式の因数分解／基底の簡約の応用／素数判定／グレブナ基底／記号的積分／他

シリーズ〈理工系の数学教室〉〈全5巻〉
理工学で必要な数学基礎を応用を交えながらやさしくていねいに解説

1. 常微分方程式
河村哲也著
A5判 180頁 定価2940円(本体2800円)（11621-2）

物理現象や工学現象を記述する微分方程式の解法を身につけるための入門書。例題、問題を豊富に用いながら、解き方を実践的に学べるよう構成。〔内容〕微分方程式／2階微分方程式／高階微分方程式／連立微分方程式／記号法／級数解法／付録

2. 複素関数とその応用
河村哲也著
A5判 176頁 定価2940円(本体2800円)（11622-9）

流体力学、電磁気学など幅広い応用をもつ複素関数論について、例題を駆使しながら使いこなすことを第一の目的とした入門書。〔内容〕複素数／正則関数／初等関数／複素積分／テイラー展開とローラン展開／偏微分方程式／留数／リーマン面と解析接続／応用

3. フーリエ解析と偏微分方程式
河村哲也著
A5判 176頁 定価3150円(本体3000円)（11623-6）

実用上必要となる初期条件や境界条件を満たす解を求める方法を明示。〔内容〕ラプラス変換／フーリエ級数／フーリエの積分定理／直交関数とフーリエ展開／偏微分方程式／変数分離法による解法／円形領域におけるラプラス方程式／種々の解法

4. 微積分とベクトル解析
河村哲也著
A5判 176頁 定価2940円(本体2800円)（11624-3）

例題・演習問題を豊富に用い実践的に詳解した初心者向けテキスト。〔内容〕関数と極限／1変数の微分法／1変数の積分法／無限級数と関数の展開／多変数の微分法／多変数の積分法／ベクトルの微積分／スカラー場とベクトル場／直交曲線座標

5. 線形代数と数値解析
河村哲也著
A5判 212頁 定価3150円(本体3000円)（11625-0）

実用上重要な数値解析の基礎から応用までを丁寧に解説。〔内容〕スカラーとベクトル／連立1次方程式と行列／行列式／線形変換と行列／固有値と固有ベクトル／連立1次方程式／非線形方程式の求根／補間法と最小二乗法／数値積分／微分方程式

はじめからの すうがく事典
T.H.サイドボサム著　一松 信訳
B5判 512頁 定価9240円(本体8800円)（11098-2）

数学の基礎的な用語を収録した五十音順の辞典。図や例題を豊富に用いて初学者にもわかりやすく工夫した解説がされている。また、ふだん何気なく使用している用語の意味をあらためて確認・学習するのに好適の書である。大学生・研究者から中学・高校の教師、数学愛好者まであらゆるニーズに応える。巻末に索引を付して読者の便宜を図った。〔項目例〕1次方程式, 因数分解, エラトステネスの篩, 円周率, オイラーの公式, 折れ線グラフ, 括弧の展開, 偶関数, 他

図説 数学の事典（新装版）
藤田 宏他訳
B5判 1272頁 定価40950円(本体39000円)（11116-3）

二色刷りでわかりやすく、丁寧に解説した総合事典。〔内容〕初等数学（累乗と累乗根の計算、代数方程式、関数、百分率、平面幾何、立体幾何、画法幾何、3角法）／高度の数学への道程（集合論、群と体、線形代数、数列・級数、微分法、積分法、常微分方程式、複素解析、射影幾何、微分幾何、確率論、誤差の解析）／いくつかの話題（整数論、代数幾何学、位相空間論、グラフ理論、変分法、積分方程式、関数解析、ゲーム理論、ポケット電卓、マイコン・パソコン）／他

ISBN は 978-4-254- を省略　　　　　　　　　　　　　（表示価格は2009年5月現在）

朝倉書店
〒162-8707 東京都新宿区新小川町6-29
電話 直通(03)3260-7631　FAX(03)3260-0180
http://www.asakura.co.jp　eigyo@asakura.co.jp

9.4 回転図形の体積

$$V = \lim_{n\to\infty} \sum_{i=1}^n \pi f(x_i)^2 \varDelta x = \pi \int_a^b f(x)^2\,dx$$

が成りたつ． □

例 9.3 1) 直円錐の高さが h，底円の半径が a のとき，その体積 V を求める．図 9.11 のように横から見ると，上側の斜めの直線は $f(x) = \dfrac{a}{h}x$ だから，

$$V = \pi \int_0^h \frac{a^2}{h^2} x^2\,dx = \frac{\pi a^2}{h^2}\left[\frac{x^3}{3}\right]_0^h = \frac{1}{3}\pi a^2 h.$$

2) 回転楕円体の体積．楕円 $\dfrac{x^2}{a^2} + \dfrac{y^2}{b^2} = 1$ を x 軸のまわりに回転したものの体積 V を求める．

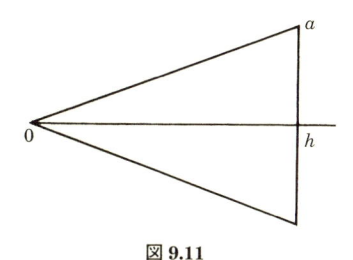

$y^2 = b^2\left(1 - \dfrac{x^2}{a^2}\right)$ だから，

図 9.11

$$V = 2\pi \int_0^a b^2\left(1 - \frac{x^2}{a^2}\right)dx = 2\pi b^2\left[x - \frac{x^3}{3a^2}\right]_0^a = 2\pi b^2\left(a - \frac{a}{3}\right) = \frac{4}{3}\pi ab^2.$$

3) $0 \leqq x \leqq \pi$ での関数 $y = \sin x$ のグラフを x 軸のまわりに回転させた図形の体積 V は，

$$V = \pi \int_0^\pi \sin^2 x\,dx = \frac{\pi}{2}\int_0^\pi (1 - \cos 2x)dx = \frac{\pi}{2}\left[x - \frac{1}{2}\sin 2x\right]_0^\pi = \frac{\pi^2}{2}.$$

注意 1) 定理 9.2 は，x の範囲がたとえば $a \leqq x$ のような無限区間であっても，積分

$$\pi \int_a^{+\infty} f(x)^2\,dx = \lim_{b\to+\infty} \pi \int_a^b f(x)^2\,dx$$

が有限の値を取れば，やはり回転図形の体積を表わす．むしろ，これが有界でない図形の体積の定義である．（面積については例 2.3 ですでに述べた）

2) $a \leqq x \leqq b$ で，x が右から a に近づくときに $f(x)$ が限りなく大きくなる場合も同様である（x が左から b に近づくときも同じ）：

$$V = \pi \int_a^b f(x)^2\,dx = \lim_{c\to a+0} \pi \int_c^b f(x)^2\,dx.$$

例 9.4 1) $x \geqq 0$ での関数 $y = e^{-x}$ を x 軸のまわりに回転した図形の体積は

$$V = \pi \int_0^{+\infty} e^{-2x} dx = \pi \left[-\frac{1}{2} e^{-2x} \right]_0^{+\infty} = \frac{\pi}{2}.$$

同様に, $x \geqq 1$ で $y = \frac{1}{x}$ なら,

$$V = \pi \int_1^{+\infty} \frac{dx}{x^2} = \pi \left[\frac{-1}{x} \right]_1^{+\infty} = \pi.$$

2) $x \to +0$ のとき, $y = \frac{1}{\sqrt[3]{x}}$ は限りなく大きくなる. けれども, $0 < x \leqq 1$ でこの関数のグラフを回転した図形の体積は

$$V = \pi \int_0^1 \left(\frac{1}{\sqrt[3]{x}} \right)^2 dx = \pi \int_0^1 x^{-\frac{2}{3}} dx = \pi \left[3 x^{\frac{1}{3}} \right]_0^1 = 3\pi$$

となり, 有限である. しかし, 関数が $y = \frac{1}{\sqrt{x}}$ であれば,

$$\pi \int_0^1 \left(\frac{1}{\sqrt{x}} \right)^2 dx = \pi \int_0^1 \frac{dx}{x} = \pi \left[\log x \right]_0^1 = +\infty$$

であり, 有限の体積をもたない. □

9.5 回転図形の表面積

定理 9.3 $a \leqq x \leqq b$ での C^1 級関数 $y = f(x)$ が $f(x) \geqq 0$ をみたすとき, このグラフを x 軸のまわりに回転して得られる筒型の図形(図 9.10)の表面積 S は

$$S = 2\pi \int_a^b f(x) \sqrt{1 + f'(x)^2} dx$$

で与えられる.

証明 定理 9.2 の証明のように区間を n 等分する. その i 番目の区間を拡大したのが図 9.12 である. 両端で切ると, 細いリボンの輪ができる. リボンの幅は図の P から Q までの曲線の微小部分の長さだから, ほぼ線分 PQ の

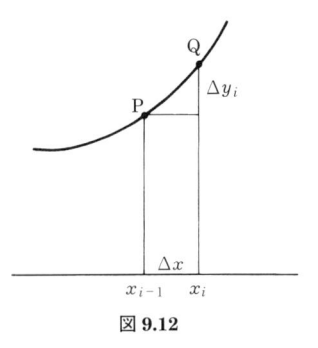

図 9.12

長さ，すなわち $\sqrt{\Delta x^2 + \Delta y_i{}^2}$ である．ただし $\Delta y_i = f(x_i) - f(x_{i-1})$．リボンの輪の長さはほぼ $2\pi f(x_i)$ だから面積はほぼ $2\pi f(x_i)\sqrt{\Delta x^2 + \Delta y_i{}^2}$ である．したがって回転図形の表面積 S は，リボンの面積の総和の極限として，

$$\begin{aligned} S &= \lim_{n\to\infty} \sum_{i=1}^n 2\pi f(x_i)\sqrt{\Delta x^2 + \Delta y_i{}^2} \\ &= \lim_{n\to\infty} 2\pi \sum_{i=1}^n f(x_i)\sqrt{1 + \frac{\Delta y_i{}^2}{\Delta x^2}} \Delta x \\ &= 2\pi \int_a^b f(x)\sqrt{1 + f'(x)^2}\, dx \end{aligned}$$

で与えられる．□

注意 今後も，無限区間の場合や，端点の近くで関数が限りなく大きくなる場合は，体積のときと同様に解釈する．

例 9.5 球の表面積．半径 a の半円 $y = \sqrt{a^2 - x^2}$ を x 軸のまわりに回転して得られる球面の面積 S を求める（図 9.13）．$y' = -\dfrac{x}{\sqrt{a^2 - x^2}}$ だから，$1 + y'^2 = 1 + \dfrac{x^2}{a^2 - x^2} = \dfrac{a^2}{a^2 - x^2}$．したがって

$$S = 2\pi \int_{-a}^a \sqrt{a^2 - x^2} \cdot \frac{a}{\sqrt{a^2 - x^2}}\, dx = 2\pi \int_{-a}^a a\, dx = 4\pi a^2.$$

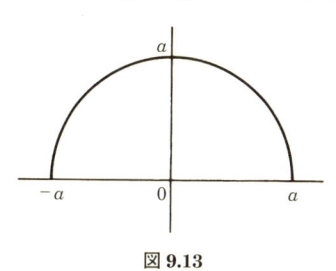

図 9.13

問題 9.1 つぎの図形の概形を描き，面積を求めよ．

1) 螺線（ラセン）$r = \theta$ $(0 \leqq \theta \leqq 2\pi)$ と，x 軸の正の部分とで囲む領域（図 9.14 の (1)）．
2) $r = |\sin 2\theta|$ $(0 \leqq \theta \leqq 2\pi)$ の囲む領域（図 9.14 の (2)）．
3) 心臓形 $r = a(1 + \cos\theta)$ $(a > 0,\ 0 \leqq \theta \leqq 2\pi)$ の囲む領域（図 9.14 の (3)）．

図 9.14

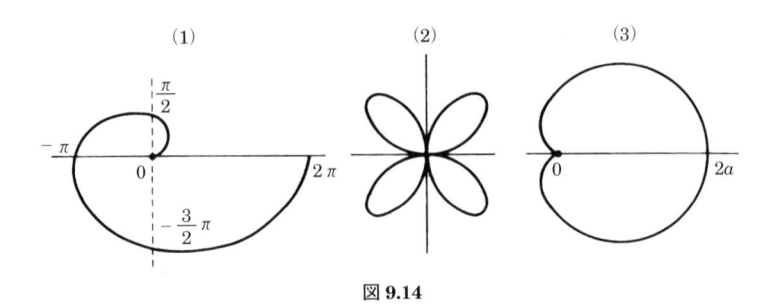

問題 9.2 つぎの図形の概形をかき，それを x 軸のまわりに回転したものの体積を求めよ．

1) $-1 \leq x \leq 1$ で $y = x^2 - 1$
2) $\sqrt{x} + \sqrt{y} = 1$ $(x, y \geq 0)$
3) $x \geq 0$ で $y = \dfrac{1}{1+x}$
4) $-\infty < x < +\infty$ で $y = \dfrac{1}{\sqrt{1+x^2}}$．

問題 9.3 1) 直円錐の高さが h，底円の半径が a のとき，その表面積（斜面だけ）を求めよ．

2) $-a \leq x \leq a$ での関数 $y = \dfrac{e^x + e^{-x}}{2}$ を x 軸のまわりに回転した図形の表面積を求めよ．

第10章

定積分の応用(2)

10.1 曲線の長さ

変数 $t\,(\alpha \leqq t \leqq \beta)$ の二つの関数 $x = x(t)$, $y = y(t)$ があるとき，各 t に対して平面の点 $\mathrm{P}(t) = (x(t), y(t))$ を対応させる．関数 $x(t)$, $y(t)$ が適度になめらかであれば，t を動かしているとき，動点 $\mathrm{P}(t)$ は平面上の曲線 C を描くだろう．こうして得られる曲線 C を**パラメーター曲線**，変数 t を C の**パラメーター**という．

いままで扱ってきた曲線 $y = f(x)$ は $t = x$ の場合である．

定理 10.1 パラメーター曲線 C :
$$x = x(t),\ y = y(t) \quad (\alpha \leqq t \leqq \beta)$$
の長さ l は
$$l = \int_\alpha^\beta \sqrt{\left(\frac{dx}{dt}\right)^2 + \left(\frac{dy}{dt}\right)^2}\, dt$$
で与えられる．

証明 いつものように閉区間 $\alpha \leqq t \leqq \beta$ を n 等分して等分点を
$$\alpha = \alpha_0 < \alpha_1 < \alpha_2 \cdots < \alpha_{n-1} < \alpha_n = \beta$$
とし，曲線 C の上に点 $\mathrm{P}(\alpha_i) = (x(\alpha_i), y(\alpha_i))\ (0 \leqq i \leqq n)$ をとる．隣りあう点を結ぶ小弦の長さの和によって C の長さを近似していく（図10.1）．

図 10.1

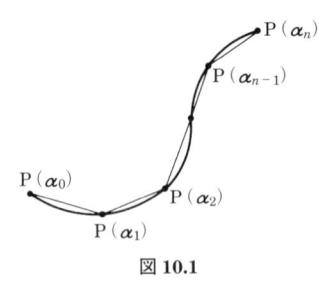

$$\Delta t = \alpha_i - \alpha_{i-1} = \frac{\beta - \alpha}{n}$$
$$\Delta x_i = x(\alpha_i) - x(\alpha_{i-1})$$
$$\Delta y_i = y(\alpha_i) - y(\alpha_{i-1})$$

と書くと，小弦の長さ Δs_i は $\sqrt{\Delta x_i{}^2 + \Delta y_i{}^2}$ である．

$$\sum_{i=1}^{n} \Delta s_i = \sum_{i=1}^{n} \sqrt{\Delta x_i{}^2 + \Delta y_i{}^2} = \sum_{i=1}^{n} \sqrt{\left(\frac{\Delta x_i}{\Delta t}\right)^2 + \left(\frac{\Delta y_i}{\Delta t}\right)^2}\, \Delta t$$
$$\longrightarrow \int_{\alpha}^{\beta} \sqrt{\left(\frac{dx}{dt}\right)^2 + \left(\frac{dy}{dt}\right)^2}\, dt \quad (n \to \infty \text{ のとき})$$

となる．□

注意 1) 証明をよく見るとわかるように，同じ曲線を別のパラメーターで表わしてもその長さは変わらない．

2) 長さが存在するからには，一点からの長さ s 自身をパラメーターに取ることもできる．これは曲線に内在するパラメーターなので，理論的に都合のよいことが多い．このとき，

$$ds = \sqrt{dx^2 + dy^2}, \quad l = \int_0^l ds.$$

系 曲線 $y = f(x)$ $(a \leqq x \leqq b)$ の長さは

$$\int_a^b \sqrt{1 + f'(x)^2}\, dx$$

である．

証明 定理 10.1 で $t = x$ とおけばよい．□

定理 10.2 曲線 C が極座標によって

10.1 曲線の長さ

$$r = f(\theta) \quad (\alpha \leq \theta \leq \beta)$$

と表わされているとき，C の長さは

$$\int_\alpha^\beta \sqrt{f'(\theta)^2 + f(\theta)^2}\,d\theta = \int_\alpha^\beta \sqrt{\left(\frac{dr}{d\theta}\right)^2 + r^2}\,d\theta$$

で与えられる．

証明 定理 10.1 でパラメーターを θ にした場合である．

$$x = r\cos\theta = f(\theta)\cos\theta,\ y = r\sin\theta = f(\theta)\sin\theta$$

だから，積の微分法により，

$$\left(\frac{dx}{d\theta}\right)^2 + \left(\frac{dy}{d\theta}\right)^2$$
$$= [f'(\theta)\cos\theta - f(\theta)\sin\theta]^2 + [f'(\theta)\sin\theta + f(\theta)\cos\theta]^2$$
$$= f'(\theta)^2 + f(\theta)^2. \quad \square$$

定理 10.3 パラメーター $t\ (\alpha \leq t \leq \beta)$ の三つの関数で定める空間曲線 C：

$$P(t) = (x(t),\ y(t),\ z(t))$$

の長さは

$$\int_\alpha^\beta \sqrt{\left(\frac{dx}{dt}\right)^2 + \left(\frac{dy}{dt}\right)^2 + \left(\frac{dz}{dt}\right)^2}\,dt$$

で与えられる．

証明は定理 10.1 とまったく同様である． $\square$

例 10.1 1) 星形

$$x^{\frac{2}{3}} + y^{\frac{2}{3}} = a^{\frac{2}{3}} \quad (a > 0)$$

の全長 l を求める（図 10.2）．上式の両辺を x で微分すると，

$$\frac{2}{3}x^{-\frac{1}{3}} + \frac{2}{3}y^{-\frac{1}{3}}y' = 0$$

だから $y' = -x^{-\frac{1}{3}}y^{\frac{1}{3}}$．

$$1 + y'^2 = 1 + x^{-\frac{2}{3}}y^{\frac{2}{3}} = 1 + x^{-\frac{2}{3}}(a^{\frac{2}{3}} - x^{\frac{2}{3}}) = 1 + a^{\frac{2}{3}}x^{-\frac{2}{3}} - 1 = a^{\frac{2}{3}}x^{-\frac{2}{3}}.$$

したがって

$$l = 4\int_0^a a^{\frac{1}{3}}x^{-\frac{1}{3}}dx = 4a^{\frac{1}{3}}\left[\frac{3}{2}x^{\frac{2}{3}}\right]_0^a = 6a^{\frac{1}{3}}a^{\frac{2}{3}} = 6a. \quad \square$$

図 10.2

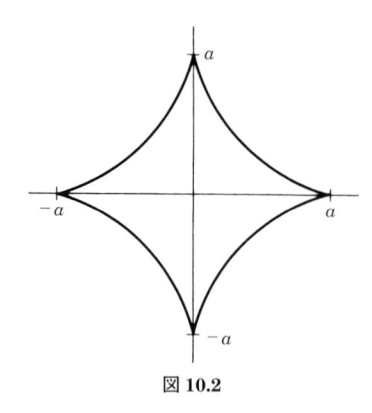

[別解] 第1象限では $x^{\frac{2}{3}} \leqq a^{\frac{2}{3}}$, したがって $x \leqq a$ だから, $x = a\cos^3 t$ $\left(0 \leqq t \leqq \dfrac{\pi}{2}\right)$ と書ける. このとき, $y = (a^{\frac{2}{3}} - x^{\frac{2}{3}})^{\frac{3}{2}} = (a^{\frac{2}{3}} - a^{\frac{2}{3}}\cos^2 t)^{\frac{3}{2}}$
$= a(1 - \cos^2 t)^{\frac{3}{2}} = a\sin^3 t$. 合成関数の微分法によって
$$\frac{dx}{dt} = -3a\cos^2 t \sin t, \quad \frac{dy}{dt} = 3a\sin^2 t \cos t$$
だから,
$$\left(\frac{dx}{dt}\right)^2 + \left(\frac{dy}{dt}\right)^2 = 9a^2 \sin^2 t \cos^2 t(\cos^2 t + \sin^2 t) = (3a\sin t \cos t)^2.$$
したがって
$$l = 4\int_0^{\frac{\pi}{2}} 3a\sin t \cos t\, dt = 6a\int_0^{\frac{\pi}{2}} \sin 2t\, dt = 6a\left[-\frac{1}{2}\cos 2t\right]_0^{\frac{\pi}{2}}$$
$$= 6a\left(\frac{1}{2} + \frac{1}{2}\right) = 6a. \quad \square$$

2) 直線上に半径 a の輪をおき, 滑らないように右にまわしていく（図

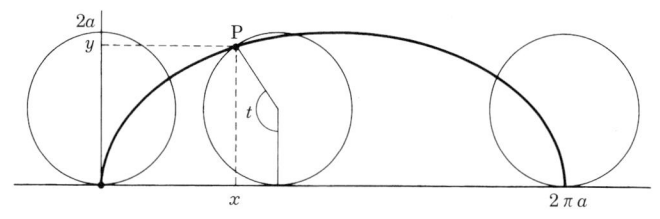

図 10.3

10.3). はじめの接点 P はある曲線を描いて動く．この曲線を**サイクロイド**という．角度のパラメーターを t とすると，動点 P の座標 (x, y) は
$$x = a(t - \sin t), \ y = a(1 - \cos t)$$
で表わされる．t が 2π に達すると P はふたたび直線にのる．ここまでの曲線の長さ l を求める．
$$\frac{dx}{dt} = a(1 - \cos t), \ \frac{dy}{dt} = a \sin t$$
だから，
$$\sqrt{\left(\frac{dx}{dt}\right)^2 + \left(\frac{dy}{dt}\right)^2} = a\sqrt{1 - 2\cos t + \cos^2 t + \sin^2 t}$$
$$= a\sqrt{2 - 2\cos t} = \sqrt{2}a\sqrt{1 - \cos t}.$$
$\cos t = \cos^2 \frac{t}{2} - \sin^2 \frac{t}{2} = 1 - 2\sin^2 \frac{t}{2}$ だから，
$$\sqrt{\left(\frac{dx}{dt}\right)^2 + \left(\frac{dy}{dt}\right)^2} = 2a \sin \frac{t}{2}.$$
したがって
$$l = \int_0^{2\pi} 2a \sin \frac{t}{2} dt = \left[-4a \cos \frac{t}{2}\right]_0^{2\pi} = 8a. \ \square$$

ここで新しい積分公式をふたつ紹介しておく．
$$\int \frac{dx}{\sqrt{x^2 + a}} = \log |x + \sqrt{x^2 + a}| \ \ (a \neq 0),$$
$$\int \sqrt{x^2 + a} \, dx = \frac{1}{2}[x\sqrt{x^2 + a} + a \log |x + \sqrt{x^2 + a}|] \ \ (a \neq 0)$$

右辺を微分してみれば，これらの式が正しいことが分かる．こういう公式を覚える必要はないし，自力で導く能力もいらない．これが出てきたら公式集を見ればよい．

一般に不定積分の方法で身につけるべきものはつぎの四点である．

a) もっとも基本的な公式，たとえば
$$\int \frac{dx}{x} = \log |x|, \ \int \frac{dx}{\sqrt{1 - x^2}} = \arcsin x.$$

b) 基本公式に帰着させる能力．

c) 公式集をひく能力.

d) 知っている関数の範囲に原始関数があるかどうかを判定する能力（無駄な労力をはぶく）.

実際, たとえばつぎの不定積分は, すでに知っている関数の組みあわせ（初等関数という）では表現できない:

$$\int \frac{dx}{\log x}, \quad \int e^{-x^2} dx, \quad \int \frac{\sin x}{x} dx, \quad \int \frac{dx}{\sqrt{1-x^4}}.$$

例 10.2 1) 放物線 $y = \frac{1}{2}x^2$ の, $x = 0$ から $x = b > 0$ までの長さ l. $y' = x$ だから,

$$l = \int_0^b \sqrt{1+x^2} dx = \frac{1}{2} \left[x\sqrt{x^2+1} + \log|x+\sqrt{x^2+1}| \right]_0^b$$
$$= \frac{1}{2}[b\sqrt{b^2+1} + \log(b+\sqrt{b^2+1})].$$

2) 螺線 $r = \theta$ の, $\theta = 0$ から $\theta = b$ までの長さ. $\frac{dr}{d\theta} = 1$ だから,

$$l = \int_0^b \sqrt{1+\theta^2} d\theta = \frac{1}{2}[b\sqrt{b^2+1} + \log(b+\sqrt{b^2+1})].$$

3) $0 \le x \le \pi$ での関数 $y = \sin x$ のグラフを x 軸のまわりに回転した図形の表面積 S. $y' = \cos x$ だから, 定理 9.3 により,

$$S = 2\pi \int_0^\pi \sin x \sqrt{1+\cos^2 x} dx$$
$$= 4\pi \int_0^{\frac{\pi}{2}} \sin x \sqrt{1+\cos^2 x} dx.$$

ここで $\cos x = u$ とすると, $-\sin x dx = du$ であり, $\cos 0 = 1$, $\cos \frac{\pi}{2} = 0$ だから,

$$S = -4\pi \int_1^0 \sqrt{1+u^2} du = 4\pi \int_0^1 \sqrt{1+u^2} du$$
$$= 2\pi \left[u\sqrt{u^2+1} + \log|u+\sqrt{u^2+1}| \right]_0^1$$
$$= 2\pi[\sqrt{2} + \log(1+\sqrt{2})].$$

10.2　閉曲線の内部の面積

平面上のパラメーター曲線 C：
$$x = x(t),\ y = y(t) \quad (\alpha \leqq t \leqq \beta)$$
を考える．$P(\alpha) = (x(\alpha), y(\alpha))$ を**始点**，$P(\beta) = (x(\beta), y(\beta))$ を**終点**という．始点と終点とが一致するとき，C を**閉曲線**という．閉曲線 C が途中 1 回も同じ点を通らないとき，C を**単純閉曲線**という．単純閉曲線 C は平面を C の内部と外部とに分ける．

パラメーター曲線 C には自然に向きがついている．C が単純閉曲線のとき，進行方向の左側が C の内部であるような向きを**正の向き**という（図 10.4）．反対の向きを**負の向き**という．つぎの定理を証明しよう．

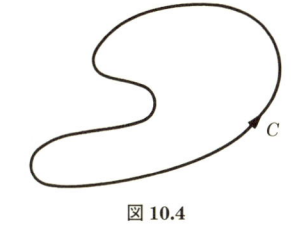

定理 10.4　パラメーター曲線 C：
$$x = x(t),\ y = y(t) \quad (\alpha \leqq t \leqq \beta)$$
が正の向きの単純閉曲線を描くとする．このとき，曲線の内部 D の面積 S は，
$$S = \int_\alpha^\beta x(t) y'(t) dt = -\int_\alpha^\beta y(t) x'(t) dt$$
で与えられる．

図 10.4

証明 1°　まず下の図 10.5 のように，D がタテ線領域の場合を考える．すなわち，境界 C が x の二つの関数 $y = p(x)$, $y = q(x)$ $(p(x) \geqq q(x))$ と何本かの垂

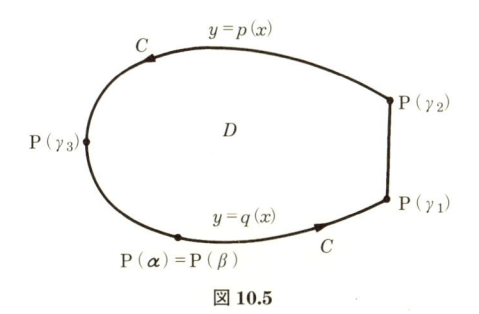

図 10.5

直線から成る場合である．図に即してやると，定理 3.3 により，

$$S = \int_{x(\tau_3)}^{x(\tau_2)} p(x)dx - \int_{x(\tau_3)}^{x(\tau_1)} q(x)dx.$$

$$\int_{x(\tau_3)}^{x(\tau_2)} p(x)dx = -\int_{\tau_2}^{\tau_3} y(t)\frac{dx}{dt}dt = -\int_{\tau_2}^{\tau_3} yx'dt,$$

$$\int_{x(\tau_3)}^{x(\tau_1)} q(x)dx = \int_{\tau_3}^{\beta} yx'dt + \int_{\alpha}^{\tau_1} yx'dt.$$

一方，垂直線上では $x'(t) = 0$ だから，$\int_{\tau_1}^{\tau_2} yx'dt = 0$．したがって

$$S = -\int_{\tau_2}^{\tau_3} yx'dt - \int_{\tau_3}^{\beta} yx'dt - \int_{\alpha}^{\tau_1} yx'dt - \int_{\tau_1}^{\tau_2} yx'dt = -\int_{\alpha}^{\beta} y(t)x'(t)dt$$

となり，第二の等式が証明された．

2° 一般の場合，図 10.6 のように領域 D を分割し，一つひとつの領域 D_i（図の場合 $1 \leq i \leq 4$）がタテ線領域になるようにする．D_i の境界を正の向きに一周する単純閉曲線を C_i とする．

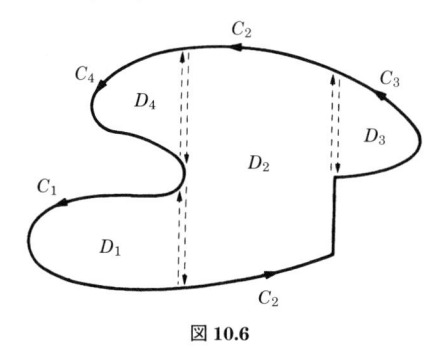

図 10.6

このとき，たとえば C_1 と C_2 とは一本の垂直線を（逆向きに）共有するが，ここでは $x'(t) = 0$ だから $y(t)x'(t)$ の積分値も 0 であり，全体に影響を与えない．

D_i の面積を S_i とすると，1° の結果により，

$$S = \sum_{i=1}^{4} S_i = -\sum_{i=1}^{4} \int_{C_i} y(t)x'(t)dt = -\int_C y(t)x'(t)dt$$

となる．ただし，C_i がパラメーター t の値 $\tau_{i-1} \leq t \leq \tau_i$ の部分と垂直線とか

ら成るとき，$\int_{C_i} yx'dt$ は $\int_{\tau_{i-1}}^{\tau_i} yx'dt$ を意味する．したがって

$$S = -\int_\alpha^\beta y(t)x'(t)dt$$

となり，第二の等式が一般の場合に証明された．

3° 第一の等式は部分積分法により，

$$S = -\int_\alpha^\beta x'(t)y(t)dt = -\Big[x(t)y(t)\Big]_\alpha^\beta + \int_\alpha^\beta x(t)y'(t)dt$$

$$= \int_\alpha^\beta x(t)y'(t)dt$$

となって成りたつ．□

例 10.3 1) $C : x = t^2 - 1$, $y = t^3 - t$ $(-1 \leqq t \leqq 1)$. 明らかにこれは閉曲線である．もし $P(t) = P(s)$ $(t \ne s)$ なら $t^2 - 1 = s^2 - 1$ だから $s = -t$. $t^3 - t = -t^3 + t$ だから $t(t^2 - 1) = 0$，よって始点と終点が一致するだけであり，単純閉曲線である．ほぼ図 10.7 のような曲線を描け，これは正の向きである．

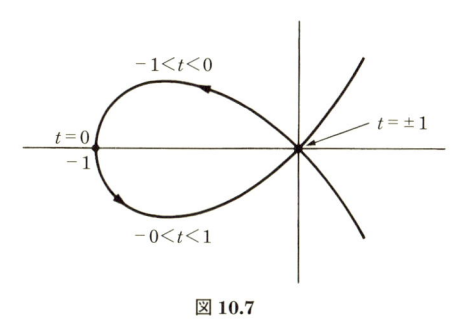

図 10.7

$x' = 2t$, $y' = 3t^2 - 1$ だから，

$$S = \int_{-1}^1 xy'dt = \int_{-1}^1 (3t^4 - 4t^2 + 1)dt = \frac{8}{15}.$$

$$S = -\int_{-1}^1 yx'dt = -\int_{-1}^1 (2t^4 - 2t^2)dt = \frac{8}{15}.$$

2) $C : x = \sin t$, $y = \sin t + \cos t$ $(0 \leqq t \leqq 2\pi)$. これも明らかに閉曲線である．もし $P(t) = P(s)$ なら $\sin t = \sin s$, $\cos t = \cos s$ だから，始点と終点だけであり，単純閉曲線である．分かりやすい点をプロットして図を描くと図 10.8 のようになり，C は**負の向き**である．したがって

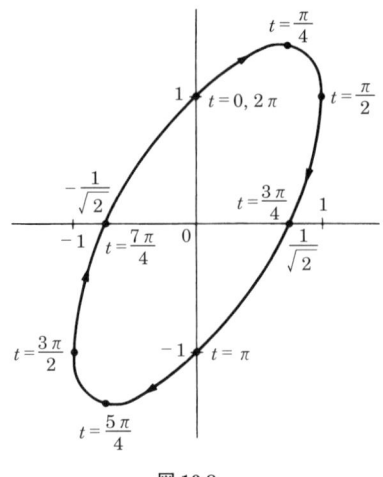

図 10.8

$$S = -\int_0^{2\pi} xy' dt = -\int_0^{2\pi} (\sin t \cos t - \sin^2 t) dt$$
$$= -\left[\frac{1}{2}\sin^2 t - \frac{1}{2}\left(t - \frac{1}{2}\sin 2t\right)\right]_0^{2\pi} = \pi.$$
$$S = \int_0^{2\pi} yx' dt = -\int_0^{2\pi} (\sin t \cos t + \cos^2 t) dt$$
$$= \left[\frac{1}{2}\sin^2 t + \frac{1}{2}\left(t + \frac{1}{2}\sin 2t\right)\right]_0^{2\pi} = \pi.$$

曲線の定義式から t を消去すると，$y - x = \cos t$ だから $x^2 + (y-x)^2 = 1$，すなわち $2x^2 - 2xy + y^2 = 1$ となり，これは楕円を表わす．

問題 10.1 つぎの曲線の長さを求めよ．

1) $y = \dfrac{e^x + e^{-x}}{2}$ $(0 \leqq x \leqq a)$

2) 心臓形 $r = a(1 + \cos\theta)$ $(a > 0, 0 \leqq \theta \leqq 2\pi)$ の全長（問題 9.1 の図 9.14 の (3) を見よ）

3) $y = \log(\sin x)\left(\dfrac{1}{3}\pi \leqq x \leqq \dfrac{2}{3}\pi\right)$ ［ヒント］$\displaystyle\int \dfrac{dx}{\sin x} = \log\left|\tan\dfrac{x}{2}\right|$.

問題 10.2 つぎのパラメーター曲線が正の向きの単純閉曲線を描くことを確かめ，その内部の面積を求めよ．

1) $x = t - t^2$, $y = t^2 - t^3$ $(0 \leq t \leq 1)$

2) $x = a\sin 2t$, $y = b(1 - \cos 2t)$ $(0 \leq t \leq \pi; a, b > 0)$

3) $x = \pi^2 - t^2$, $y = \sin t$ $(-\pi \leq t \leq \pi)$

4) $x = t + 1$, $y = t^2 + 2t$ $(-2 \leq t \leq 0)$,
   $x = 1 - t$, $y = 2t - t^2$ $(0 \leq t \leq 2)$

5) $x = \cos t$, $y = \cos t \sin t$ $\left(0 \leq t \leq \dfrac{\pi}{2}\right)$,
   $x = -\cos t$, $y = \cos t \sin t$ $\left(\dfrac{\pi}{2} \leq t \leq \pi\right)$.

第11章

微積分の諸定理

11.1 連続関数

連続関数とはそのグラフがつながっていて切れ目のない関数のことである（図 11.1）．

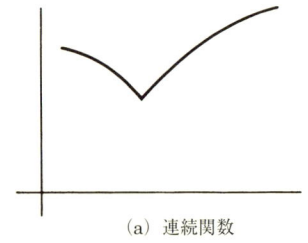

(a) 連続関数　　(b) 不連続関数

図 11.1

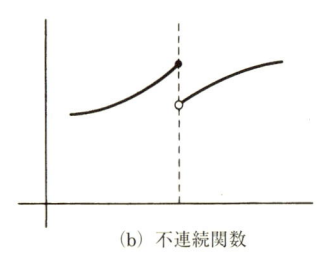

連続関数に関する二つの重要な定理を書いておく．

定理 11.1（中間値の定理） 関数 $y = f(x)$ が $a \leqq x \leqq b$ で連続で，$f(a) < 0$, $f(b) > 0$ であれば，a と b の間の点 c で，$f(c) = 0$ となるものがある（図 11.2）．

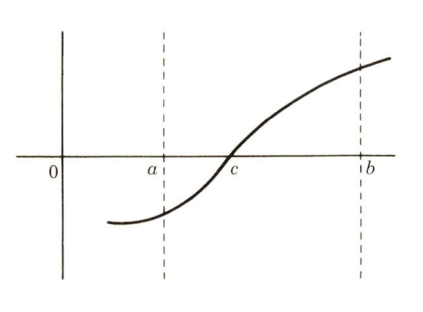

図 11.2

定理 11.2（最大値最小値の定理） 関数 $y = f(x)$ が $a \leqq x \leqq b$ で連続なら，そこで $f(x)$ の値を最大にする点および最小にする点が存在する．

注意 1) 数学をやるのにはいろいろな立場がある．図形的直観を排し，純論理的にものごとを構築する立場もあるが，我々の立場はそうではなく，実数の全体と，すきまのない直線とを同一視する直観的な立場である．この立場からすれば中間値の定理は当たりまえのことであり，証明するまでもない．

2) 最大値最小値の定理で，区間の等号を抜いて $a < x < b$ とすると定理は成りたたない．実際，$0 < x < 1$ での関数 $f(x) = x$ は，1 にいくらでも近い値をとるけれども 1 には達せず，したがって最大値は（最小値も）ない．$g(x) = \dfrac{1}{x}$ とすると，x が右から 0 に近づくと $g(x)$ は限りなく大きくなり，もちろん最大値は（最小値も）ない．

例 11.1 $f(x)$ が奇数次の多項式なら，$f(c) = 0$ となる点 c が少なくとも一つ存在する．

証明 n を奇数とし，
$$f(x) = a_0 x^n + a_1 x^{n-1} + \cdots + a_{n-1} x + a_n \quad (a_0 \neq 0)$$
とする．$a_0 > 0$ としよう．$x \to +\infty$ のとき $f(x) \to +\infty$ であり（下の注意を見よ），n が奇数だから $x \to -\infty$ のとき $f(x) \to -\infty$ である．だから，十分左のある a に対しては $f(a) < 0$ であり，十分右のある b に対しては $f(b) > 0$ である．したがって中間値の定理により，$a < c < b$ なる点 c で，$f(c) = 0$ なるものが存在する．$a_0 < 0$ なら不等号の向きが逆になるだけである． □

注意 このことは図形的・経験的には確かなようだが，きちんと証明するとつぎのようになる．やはり $a_0 > 0$ とし，$x \to +\infty$ のときを考える．$x \geq 1$ として，

$$\frac{f(x)}{a_0 x^n} = 1 + \frac{a_1}{a_0}\frac{1}{x} + \frac{a_2}{a_0}\frac{1}{x^2} + \cdots + \frac{a_n}{a_0}\frac{1}{x^n}$$

$$\geq 1 - \left|\frac{a_1}{a_0}\right|\frac{1}{x} - \left|\frac{a_2}{a_0}\right|\frac{1}{x^2} - \cdots - \left|\frac{a_n}{a_0}\right|\frac{1}{x^n}.$$

最後の不等式は

$$|\alpha|-|\beta| \leqq |\alpha+\beta| \leqq |\alpha|+|\beta|$$

による.ここで $\left|\dfrac{a_1}{a_0}\right|, \cdots, \left|\dfrac{a_n}{a_0}\right|$ のうちもっとも大きいものの $n+1$ 倍よりも x を大きくとると,$\left|\dfrac{a_i}{a_0}\right|\dfrac{1}{x^i} \leqq \dfrac{1}{n+1}$ だから,$\dfrac{f(x)}{a_0 x^n} \geqq 1 - \dfrac{n}{n+1} = \dfrac{1}{n+1}$ となり,$f(x) \geqq \dfrac{a_0}{n+1} x^n \longrightarrow +\infty$ $(x \to +\infty$ のとき$)$ となる.$x \to -\infty$ のときおよび $a_0 < 0$ のときも同様である.□

11.2 微分可能関数

関数が微分可能ならもちろん連続であるが,連続であっても微分可能とは限らない.

例 11.2 1) $f(x) = |x|$ のグラフはつながってはいるけれども,$x = 0$ でとがっており,接線は引けない(図 11.3),すなわち微分できない.

2) $g(x) = \sqrt{x}\,(x \geqq 0)$ は $x = 0$ も含めて連続であるが,$x = 0$ ではグラフは垂直になる(図 11.4).したがって微分できない.

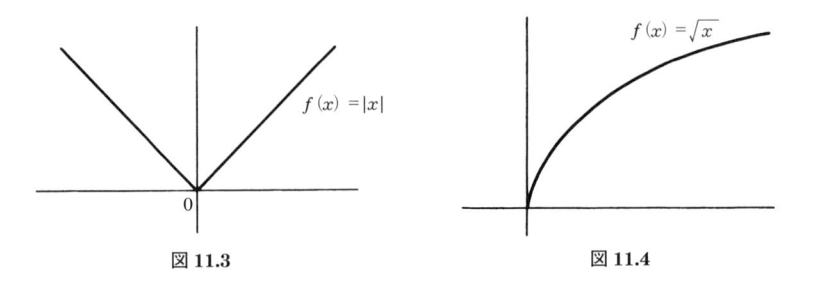

図 11.3

図 11.4

定理 11.3(ロルの定理) 関数 $y = f(x)$ が $a \leqq x \leqq b$ で微分可能で $f(a) = f(b)$ なら,$f'(c) = 0$ となる点が a と b の間に(少なくとも一つ)ある(図 11.5).

証明 グラフを見ればほぼ明らかだが,つぎのような証明ができる.$f(x)$ が定数ならつねに $f'(x) = 0$ だから,$f(x) > f(a)$ なる点 x があるとする($f(x) < f(a)$ でも同じ).

11.2 微分可能関数

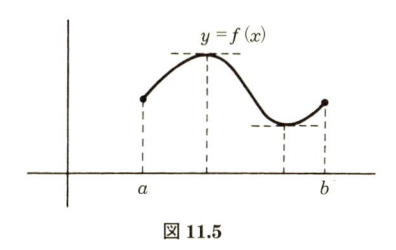

図 11.5

$f(x)$ は連続だから，定理 11.2 により，$f(x)$ の値を最大にする点 c が a と b の間にある．任意の小さい h に対して $f(c+h) \leqq f(c)$ だから，$h > 0$ なら $\dfrac{f(c+h) - f(c)}{h} \leqq 0$，したがって $f'(c) = \lim\limits_{h \to +0} \dfrac{f(c+h) - f(c)}{h} \leqq 0$．一方 $h < 0$ なら $\dfrac{f(c+h) - f(c)}{h} \geqq 0$ だから，$f'(c) = \lim\limits_{h \to -0} \dfrac{f(c+h) - f(c)}{h} \geqq 0$．したがって $f'(c) = 0$ となる．□

定理 11.4（平均値の定理） 関数 $y = f(x)$ が $a \leqq x \leqq b$ で微分可能ならば，
$$\frac{f(b) - f(a)}{b - a} = f'(c)$$
となる点 c が a と b の間にある（図 11.6）．

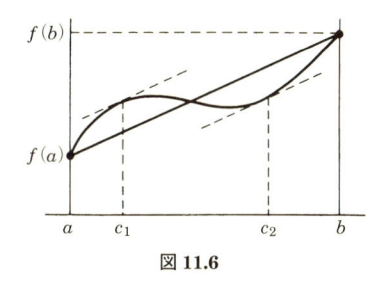

図 11.6

証明 図 11.6 のなかの直線の傾きは，
$$\frac{f(b) - f(a)}{b - a}$$
であり，これと同じ傾きを持つ接線が（この図では 2 本）引ける．すなわち定理が成りたつ．これをきちんと証明するために，2 点 $(a, f(a))$ および $(b, f(b))$ を通る直線

$$\frac{y-f(a)}{f(b)-f(a)} = \frac{x-a}{b-a}$$

すなわち

$$y = f(a) + \frac{f(b)-f(a)}{b-a}(x-a)$$

を考え，曲線 $y = f(x)$ とこの直線との差を $g(x)$ とする：

$$g(x) = f(x) - f(a) - \frac{f(b)-f(a)}{b-a}(x-a).$$

当然 $g(a) = g(b) = 0$ だから，ロルの定理によって $g'(c) = 0$ となる点 c が a と b の間にある．$g'(x) = f'(x) - \frac{f(b)-f(a)}{b-a}$ だから $f'(c) = \frac{f(b)-f(a)}{b-a}$ となる．□

この定理はつぎのようにも書かれる．

定理 11.4′（平均値の定理） ある区間で微分可能な関数 $f(x)$ と，区間内の 1 点 a があるとき，区間内の任意の点 x に対し，

$$f(x) = f(a) + f'(c)(x-a)$$

と書くことができる．ただし，c は a と x の間の適当な点である．

証明 定理 11.4 の書きなおしにすぎない．□

定理 11.5 $f'(x) \equiv 0$（$\equiv$ は恒等的に等しいことを強調する記号）なら $f(x)$ は定数である．

証明 1 点 a をとると，平均値の定理によって

$$f(x) = f(a) + f'(c)(x-a) \quad (c \text{ は } a \text{ と } x \text{ の間の適当な数})$$

と書けるから $f(x) \equiv f(a)$．□

定理 11.6（原始関数の一意性） $f'(x) \equiv g'(x)$ なら $f(x) - g(x)$ は定数である（前定理による）．したがって，ある関数の原始関数は，定数の差を除けば一つしかない．

定理 11.7 ある区間でつねに $f'(x) > 0$ なら，$y = f(x)$ は単調増加である．

証明 $x_1 < x_2$ とすると，平均値の定理によって

$$f(x_2) - f(x_1) = f'(c)(x_2 - x_1) > 0$$

となる．ただし，$x_1 < c < x_2$．□

注意 ある区間で $f(x)$ が単調増加であっても，その区間でつねに $f'(x) > 0$

とは限らない. 実際, $f(x) = x^3$ は全区間 $-\infty < x < +\infty$ で単調増加である. しかし, $f'(0) = 0$.

例 11.3 $f(x)$ は $x \geq a$ で定義された微分可能な関数とする (a は定数). さらに $f'(x)$ はいたるところある決まった正の数 k より小さくない (すなわち $f'(x) \geq k > 0$) とする. このとき, $\lim_{x \to +\infty} f(x) = +\infty$ が成りたつ.

証明 平均値の定理により,
$$f(x) = f(a) + f'(c)(x-a) \quad (c \text{ は } a \text{ と } x \text{ の間の数})$$
と書けるから, $x \to +\infty$ のとき,
$$f(x) \geq f(a) + k(x-a) \to +\infty. \quad \square$$

11.3 定　積　分

はじめに記号をふたつ用意する. $\langle a_n \rangle_{n=0,1,2,\cdots} = \langle a_0, a_1, a_2, \cdots \rangle$ が実数の列であり, n をかぎりなく大きくするとき, a_n がある実数 b にかぎりなく近づくとする. このとき, 数列 $\langle a_n \rangle_{n=0,1,2,\cdots}$ は b に**収束**すると言い, $b = \lim_{n \to \infty} a_n$ とかく. b を数列 $\langle a_n \rangle_{n=0,1,2,\cdots}$ の**極限**という.

a, b が実数で $a < b$ のとき, $a \leq x \leq b$ をみたす実数 x の全体を, a と b を両端とする**閉区間**と言い, $[a, b]$ とかく.

さて, 第 9 章の区分求積法を復習しよう. $y = f(x)$ を, 閉区間 $[a, b]$ で定義された連続関数とする. 区間 $[a, b]$ を n 等分し, 等分点を
$$a = a_0 < a_1 < a_2 < \cdots < a_{n-1} < a_n = b$$

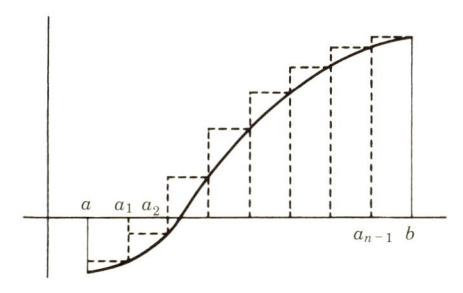

図 11.7

とする．$a_i = a + \dfrac{i}{n}(b-a)$ である．

図 11.7 にあるように，短冊の面積の総和を $R(f, n)$ とかくと，
$$R(f,n) = \sum_{i=1}^{n} f(a_i)(a_i - a_{i-1}) = \frac{b-a}{n}\sum_{i=1}^{n} f(a_i).$$
ここで n をかぎりなく大きくすると，$R(f,n)$ は f だけで決まるある数にかぎりなく近づく（直観的には面積）．この極限を，a から b までの $y = f(x)$ の**定積分**と言い，
$$\int_a^b f(x)dx$$
とかく：
$$\int_a^b f(x)dx = \lim_{n\to\infty} R(f,n).$$
この式のなかの x はかりの変数だから，x 以外の文字を使ってもよい．たとえば $\int_a^b f(t)dt$ ．

こうして連続関数の定積分が定義された．便法として $\int_a^a f(x) = 0$ とする．また，$\int_b^a f(x)dx = -\int_a^b f(x)dx$ と定める．

定理 11.8（区間に関する加法性） 任意の実数 a, b, c に対し，
$$\int_a^b f(x)dx = \int_a^c f(x)dx + \int_c^b f(x)dx.$$
これは，定積分が面積であることを考えれば当然である（図 11.8）．

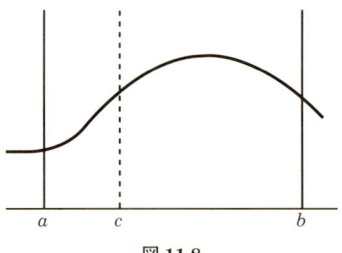

図 11.8

定理 11.9（線型性） $[a,b]$ 上の連続関数 f, g および実数 p, q に対し,
$$\int_a^b [pf(x)+qg(x)]\,dx = p\int_a^b f(x)\,dx + q\int_a^b g(x)\,dx.$$

証明 $R(pf(x)+qg(x),\,n) = \sum_{i=1}^n [pf(a_i)+qg(a_i)](a_i - a_{i-1})$
$= p\sum_{i=1}^n f(a_i)(a_i - a_{i-1}) + q\sum_{i=1}^n g(a_i)(a_i - a_{i-1}).$

ここで $n\to\infty$ とすると，左辺は $\int_a^b [pf(x)+qg(x)]dx$ に近づき，右辺は $p\int_a^b f(x)\,dx + q\int_a^b g(x)\,dx$ に近づく．□

定理 11.10（単調性） $a \leqq b$ で $f(x) \leqq g(x)$ なら，
$$\int_a^b f(x)\,dx \leqq \int_a^b g(x)\,dx.$$

証明 各 n 等分点 a_i $(1 \leqq i \leqq n)$ で $f(a_i) \leqq g(a_i)$ だから，$R(f,n) \leqq R(g,n)$. $n\to\infty$ とすればよい．□

定理 11.11（正値性） $a < b$, $f(x) \geqq 0$ で，少なくともひとつの点 c で $f(c) > 0$ なら，
$$\int_a^b f(x)\,dx > 0.$$

証明 $a < c < b$, $f(c) > 0$ とする．$f(x)$ は連続だから，x が c にかぎりなく近づけば，$f(x)$ は $f(c)$ にかぎりなく近づく．したがって，ある正の数 δ をとると，$c - \delta \leqq x \leqq c + \delta$ なら $f(x) \geqq \dfrac{f(c)}{2}$ となる．よって
$$\int_a^b f(x)\,dx \geqq \int_{c-\delta}^{c+\delta} f(x)\,dx \geqq \int_{c-\delta}^{c+\delta} \frac{f(x)}{2}\,dx = \delta f(c) > 0. \quad\square$$

11.4 広義積分

まず記号から．関数 $f(x)$ は実数 a より右側のすべての領域 $a \leqq x < +\infty$ で定義され，連続であるとする．x がかぎりなく大きくなるとき，$f(x)$ がある実数 b にかぎりなく近づくとする．このとき，《$x \to +\infty$ のとき，$f(x)$ は b に収束する》と言い，$\lim_{x\to+\infty} f(x) = b$ とかく．b を，$x \to +\infty$ のときの $f(x)$ の **極限**

という．$\lim_{x \to -\infty} f(x)$ と同様に定義される．

定義 $\int_a^{+\infty} f(x)dx$ とか $\int_{-\infty}^{+\infty} f(x)dx$ の意味はつぎのとおりである：

$$\int_a^{+\infty} f(x)dx = \lim_{b \to +\infty} \int_a^b f(x)dx,$$

$$\int_{-\infty}^{+\infty} f(x)dx = \lim_{\substack{a \to -\infty \\ b \to +\infty}} \int_a^b f(x)dx.$$

右辺の極限が存在するとき，**広義積分** $\int_a^{+\infty} f(x)dx$ ないし $\int_{-\infty}^{+\infty} f(x)dx$ は**収束**するという．$\int_{-\infty}^b f(x)dx$ も同様に定義される．

例 11.4 非有界領域の面積も同様に定義される．たとえば関数 $y = e^{-x}$ $(0 \leqq x < +\infty)$ のグラフは図 11.9 で表わされ，x 軸，y 軸およびグラフの曲線が有界でない領域を囲む．この領域の面積 S はつぎのように与えられる．

$$S = \int_0^{+\infty} e^{-x}dx = \lim_{b \to +\infty} \int_a^b e^{-x}dx$$
$$= \lim_{b \to +\infty} \left[-e^{-x}\right]_0^b$$
$$= \lim_{b \to +\infty} (1 - e^{-b}) = 1.$$

図 11.9

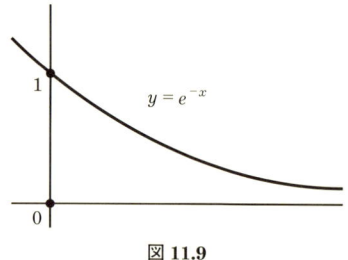

例 11.5 関数 $y = \dfrac{1}{1+x^2}$ $(-\infty < x < +\infty)$ のグラフは図 11.10 のとおりであり，グラフ曲線と x 軸とで，非有界領域を囲む．この面積 S は，

$$S = \int_{-\infty}^{+\infty} \frac{dx}{1+x^2} = \lim_{\substack{a \to -\infty \\ b \to +\infty}} \int_a^b \frac{dx}{1+x^2}$$
$$= \lim_{\substack{a \to -\infty \\ b \to +\infty}} \left[\arctan x\right]_a^b = \lim_{\substack{a \to -\infty \\ b \to +\infty}} (\arctan b - \arctan a)$$
$$= \frac{\pi}{2} - \left(-\frac{\pi}{2}\right) = \pi.$$

図 11.10

第12章

極大極小と最大最小

12.1 極大と極小

関数のグラフは一般に上がったり下がったりする.グラフの山の頂上を極大,谷底を極小という.正確にはつぎのとおり.

定義 関数 $y = f(x)$ を考える.x軸上の点 a で $y = f(x)$ が**極大**であるとは,a の近くのすべての点 $x \neq a$ に対して $f(a) > f(x)$ となることである(図12.1).反対に $f(a) < f(x)$ となるとき,$f(x)$ は a で**極小**であるという.極大と極小を合わせて**極値**という.

注意 極大は最大ということではない.図12.1でも,$y = f(x)$ は a で極大,d で極小だが,$f(a)$ は $f(d)$ より小さい.極大や極小の概念は一点のすぐ近くだけにかかわるものであり,遠いところは問題にしない.こういうことがらを《局所的概念》という.これに対し,全体を問題にする最大最小とか,面積とかいうのは《大域的概念》と呼ばれる.微分法は多く局所的概念にかかわり,

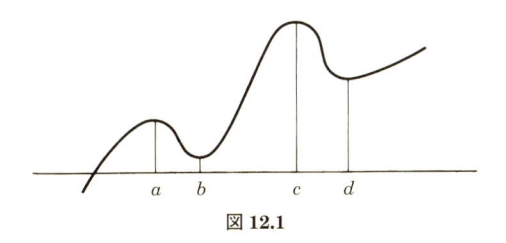

図 12.1

積分法は大域的概念にかかわる．

例 12.1 2次関数 $f(x) = ax^2 + bx + c$ $(a \neq 0)$ は既知である．これを変形して

$$f(x) = a\left(x + \frac{b}{2a}\right)^2 + \left(c - \frac{b^2}{4a}\right)$$

と書けば，$\left(x + \frac{b}{2a}\right)^2$ は $x = -\frac{b}{2a}$ のとき 0，その他の点では正だから，$a > 0$ なら $f(x)$ は $-\frac{b}{2a}$ で極小，$a < 0$ ならそこで極大である．□

もっと複雑な関数を扱うのには微分法が有効である．

定理 12.1 微分可能な関数 $f(x)$ が a で極大または極小なら $f'(a) = 0$ である．

証明 $f(x)$ が a で極小とする．a の近くの x に対し，$x > a$ なら $\frac{f(x) - f(a)}{x - a} > 0$ だから，その極限（x が右から a に近づくときの極限）として $f'(a) \geqq 0$．$x < a$ なら $\frac{f(x) - f(a)}{x - a} < 0$ だから，同様に $f'(a) \leqq 0$，したがって $f'(a) = 0$ である．極大の場合も同様．□

だから，極値を探すためには，まず $f'(x) = 0$ となる点 x をすべて求めるのがよい．しかし，$f'(a) = 0$ だからといって，$f(x)$ が a で極値をとるとは限らない．たとえば $f(x) = x^3$ とすると，$f'(0) = 0$ だが，x の正負に従って x^3 も正負になるから，0 は極大でも極小でもない．$f'(a) = 0$ のほかに，どういう条件があれば極値になるかはつぎの二つの定理で示される．

定理 12.2 $f'(a) = 0$ とする．a の近くの x に対し，$x < a$ なら $f'(x) < 0$，$x > a$ なら $f'(x) > 0$ のとき，$f(x)$ は a で極小である．反対に，$x < a$ なら $f'(x) > 0$，$x > a$ なら $f'(x) < 0$ のとき，$f(x)$ は a で極大である．

証明 グラフの上がり下がりと $f'(x)$ の正負との関係（定理 11.7）を考えれば当りまえのようであるが，きちんと証明する．

第一の場合，平均値の定理により，

$$f(x) - f(a) = f'(c)(x - a) \quad (c \text{ は } a \text{ と } x \text{ の間の数})$$

12.1 極大と極小

と書ける．$x > a$ なら $c > a$ だから $f'(c) > 0$，したがって $f(x) > f(a)$．$x < a$ なら $c < a$ だから $f'(c) < 0$，したがってやはり $f(x) > f(a)$ となり，$f(x)$ は a で極小である．第二の場合も同様．□

この定理も役に立つが，もっと形式的な計算ですませるやりかたもある．

定義 $f(x)$ の導関数 $f'(x)$ がまた微分可能のとき，$f'(x)$ の導関数をもとの関数 $f(x)$ の **2 階導関数**と言い，$f''(x)$ と書く．

定理 12.3 $f'(a) = 0$ であり，かつ $f''(a) > 0$ なら f は a で極小，$f''(a) < 0$ なら f は a で極大である．

証明 まず $f''(a) > 0$ としよう．
$$\lim_{x \to a} \frac{f'(x)}{x-a} = \lim_{x \to a} \frac{f'(x) - f'(a)}{x-a} = f''(a) > 0$$
である．極限の定義により，x が a に十分近ければ $\dfrac{f'(x)}{x-a}$ も正である．すなわち，$x < a$ なら $f'(x) < 0$，$x > a$ なら $f'(x) > 0$ だから，前定理 12.2 によって $f(x)$ は a で極小である．

$f''(a) < 0$ のときも同様．□

例 12.2 1) $f(x) = \dfrac{1}{4}x^4 + \dfrac{2}{3}x^3 - \dfrac{1}{2}x^2 - 2x + 1$．$f'(x) = x^3 + 2x^2 - x - 2 = (x+2)(x+1)(x-1)$．したがって極値候補は左から順に -2，-1，1 の三点である．$f''(x) = 3x^2 + 4x - 1$ だから，$f''(-2) = 3 > 0$，$f''(-1) = -2 < 0$，$f''(1) = 6 > 0$．したがって f は -2 と 1 とで極小，-1 で極大である（図 12.2）．

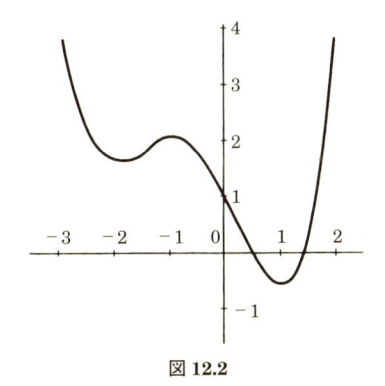

図 12.2

ちなみに，そこでの f の値は

$$f(-2) = \frac{5}{3} = 1.666\cdots,$$

$$f(-1) = \frac{25}{12} = 2.083,$$

$$f(1) = -\frac{7}{12} = -0.583\cdots. \quad \square$$

この方法が万能というわけではない．

2) $f(x) = x^4$ のとき，$f'(x) = 4x^3$, $f''(x) = 12x^2$. 極値候補 $x = 0$ で $f''(0) = 0$ だから判定できない．しかし，$x \neq 0$ なら $x^4 > 0$ だから，0 は明らかに極小である．計算も結構だが，グラフの概形を思いえがくのがもっと大事である．

3) $f(x) = \dfrac{x}{x^2 + 1}$. $f'(x) = \dfrac{1 - x^2}{(x^2 + 1)^2}$ だから，±1 が極値候補である．$f''(x) = \dfrac{2x^3 - 6x}{(x^2 + 1)^3}$, $f''(-1) > 0$, $f''(1) < 0$ だから，-1 で極小，1 で極大となる．

この関数のグラフを描くときに大事なのはつぎの三点である（図 12.3）.

(a) -1 で極小，1 で極大，$f(-1) = -\dfrac{1}{2}$, $f(1) = \dfrac{1}{2}$.

(b) $f(-x) = -f(x)$, すなわちグラフは原点に関して対称である．もちろん $f(0) = 0$. こういう関数を**奇関数**という．ついでに言えば，$f(-x) = f(x)$ となる関数，すなわちグラフが y 軸に関して対称であるような関数を**偶関数**という．

(c) $\displaystyle\lim_{x \to \pm\infty} f(x) = 0$. 実際，$f(x) = \dfrac{\dfrac{1}{x}}{1 + \dfrac{1}{x^2}} \longrightarrow 0$ （$x \to \pm\infty$ のとき）．

図 12.3

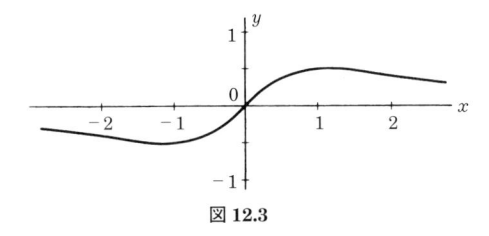

4) $f(x) = x^2 e^{-x}$. $f'(x) = (2x - x^2)e^{-x}$ だから，0 と 2 が極値候補である．

図 12.4

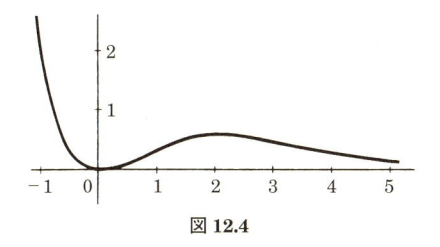

$f''(x) = (x^2 - 4x + 2)e^{-x}$, $f''(0) > 0$, $f''(2) < 0$ だから, f は 0 で極小, 2 で極大である (図 12.4). なお, つぎのことに注意する. $f(0) = 0$, $f(2) = 4e^{-2}$ $= 0.54134\cdots$, $\lim_{x \to +\infty} f(x) = 0$, $\lim_{x \to -\infty} f(x) = +\infty$. 計算道具がなくても, $2.7 < e < 2.8$ を知っていれば $7 < e^2 < 8$ だから, $0.5 < 4e^{-2} < 0.571\cdots$ がわかる.

12.2 最大と最小

定理 11.2 によれば, 等号つきの区間 $a \leqq x \leqq b$ (こういう区間を**閉区間**という) での連続関数には最大値も最小値もある. しかし, そのすぐあとの注意 2) にあるように, 区間の等号がなくなると, 最大最小の存在は保証されない.

この章のはじめに注意したように, 極大極小と最大最小とは別のものである. しかし密接な関係がある. 最大最小の求めかたを二つの定理にまとめよう.

定理 12.4 閉区間 $a \leqq x \leqq b$ での連続関数 $y = f(x)$ には必ず最大最小がある. それらは, 両端での値 $f(a)$, $f(b)$ および等号を除いた**開区間** $a < x < b$ での $f(x)$ の極大値, 極小値のなかにある.

定理 12.5 開区間 $a < x < b$ や無限区間 ($-\infty < x < +\infty$ とか, $a < x < +\infty$ など) の連続関数の最大値や最小値は, (もしあれば) 極大値, 極小値のなかにある.

例 12.3 1) $f(x) = \frac{1}{4}x^4 + \frac{2}{3}x^3 - \frac{1}{2}x^2 - 2x + 1$ ($-\infty < x < +\infty$) (例 12.2 の 1)). まず $x \to \pm\infty$ のとき $f(x)$ はいくらでも大きくなるから, 最大値はない. 最小値は二つの極小値のどちらかであり, $f(-2) = \frac{5}{3}$, $f(1) = -\frac{7}{12}$ だから,《$x = 1$ で最小値 $-\frac{7}{12}$》が答えである.

もし変数の範囲を $-3 \leqq x \leqq 3$ に制限すると，最小値は変らないが，最大値は両端の値 $f(-3) = \dfrac{52}{4}$，$f(3) = \dfrac{115}{4}$ およびただ一つの極大値 $f(-1) = \dfrac{25}{12}$ を比べて，《$x = 3$ で最大値 $\dfrac{115}{4} = 28.75$》を得る．

2)　$f(x) = \dfrac{x}{x^2+1}$ $(-\infty < x < +\infty)$（例 12.2 の 3))．$x \to \pm\infty$ のとき $f(x)$ は 0 に近づくから，$x = -1$ で最小値 $-\dfrac{1}{2}$，$x = 1$ で最大値 $\dfrac{1}{2}$ である．もし範囲を $x \geqq 0$ に制限すると，最大値は変らず，最小値は $f(0) = 0$．さらにもし範囲を $x > 0$ とすると，最大値はそのまま．$x \to +0$ および $x \to +\infty$ のとき $f(x)$ は上から限りなく 0 に近づくが，0 には達しない．したがって最小値はない．

3)　$f(x) = x^2 e^{-x}$（例 12.2 の 4))．図 12.4 から明らかに最大値はなく，最小値は $f(0) = 0$．もし範囲を $1 \leqq x \leqq 4$ とすると，最大はただ一つの極大値 $f(2) = 4e^{-2} \fallingdotseq 0.54$ である．図では $f(1)$ と $f(4)$ とどっちが小さいか分かりにくい．そこで計算することにする．$f(1) = e^{-1}$ と $f(4) = 16e^{-4}$ とを比べるためには e^3 と 16 とを比べればよい．$e > 2.7$ だから，$e^3 > (2.7)^3 = 19.683 > 16$ であり，$f(1) > f(4)$．すなわち $x = 4$ で最小値 $16e^{-4}$ である．

4)　周の長さが一定の方形のうち，面積が最大のものを求める．方形のタテ・ヨコの長さをそれぞれ x, y とすると，$x + y = a$ は一定である．面積は xy だから，$f(x) = x(a - x)$，$f'(x) = a - 2x = 0$ から $x = \dfrac{a}{2}$．両端 $x = 0$，$x = a$ では面積 0 だから，答えは《正方形のとき面積最大》となる．

例 12.4　すこし難しい問題をやってみよう．よこながの楕円 $\dfrac{x^2}{a^2} + \dfrac{y^2}{b^2} = 1$ $(a > b > 0)$ を考える．点 $(0, -b)$ を通る弦のうち，長さが最大のものを求めよう（図 12.5）．

弦と楕円とのもうひとつの交点を (x, y) とする．左右対称だから $x \geqq 0$ としてよい（図 12.5）．長さのかわりに長さの 2 乗 $f(y) = x^2 + (y + b)^2$ を最大にすればよい．$x^2 = a^2 - \dfrac{a^2}{b^2} y^2$ だから，

$$f(y) = a^2 - \dfrac{a^2}{b^2} y^2 + (y + b)^2 \quad (-b \leqq y \leqq b)$$

12.2 最大と最小

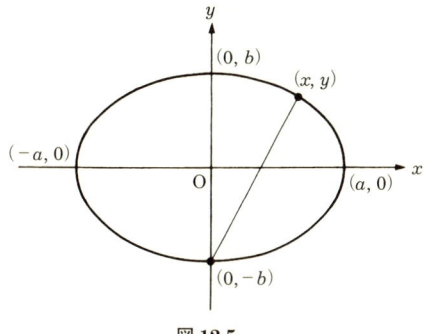

図 12.5

の最大値を求めればよい. $f'(y) = 2\left(1 - \dfrac{a^2}{b^2}\right)y + 2b = 0$ を解いて $y_0 = \dfrac{b^3}{a^2 - b^2}$ を得る. $|y_0| \leqq b$ になるのは $a^2 \geqq 2b^2$ のときである. このとき, $x_0 = \dfrac{a^2\sqrt{a^2 - 2b^2}}{a^2 - b^2}$ となる. 答えはつぎのとおり.

(a) $a^2 \geqq 2b^2$ のとき, f は y_0 で極大かつ最大となり, 弦の長さは $\dfrac{a^2}{\sqrt{a^2 - b^2}}$.

(b) $a^2 < 2b^2$ のとき（円に近い楕円）, f は単調増加で $y = b$ のとき最大, すなわち垂直弦が最長で長さは $2b$ である.

問題 12.1 つぎの関数の極大極小を論じ, 略図を書け.

1) $x^4 - 2x^2 + 1$ 2) $x + \dfrac{1}{x}$ 3) $\dfrac{e^x + e^{-x}}{2}$ 4) $\dfrac{e^{-x}}{x}$

5) e^{-x^2} 6) $\dfrac{x-1}{x^2+3}$.

問題 12.2 つぎの関数の最大最小を論じ, 略図を書け.

1) $x > 0$ で $x + \dfrac{1}{x}$ 2) $0 \leqq x \leqq 2$ で $x^4 - 2x^2 + 1$

3) $-2 \leqq x \leqq 3$ で $\dfrac{1}{4}x^4 - \dfrac{1}{3}x^3 - x^2$ 4) $x \geqq -1$ で $x^2 e^{-x}$.

問題 12.3 x 軸上の定点 $(p, 0)$ $(p \geqq 0)$ から, 双曲線 $\dfrac{x^2}{a^2} - \dfrac{y^2}{b^2} = 1$ $(a, b > 0)$ への距離を最小にせよ.

問題 12.4 半径 a の球に内接する直円錐のうち，体積が最大のものの高さおよび底円の半径を求めよ．

第 13 章

高 階 導 関 数

13.1　2 階導関数と曲線の凹凸

　$y = f(x)$ のグラフの 1 点 $(a, f(a))$ で接線を引いたとき，図 13.1(a) のように接線が曲線の下側にあるとき，$y = f(x)$ は $x = a$ で**下に凸**（トツ）または単に**凸**であるという．いたるところ凸である関数を**凸関数**という．図 13.1(b) のように接線が曲線の上側にあるとき，上に凸とか凹（オウ）とか言うこともあるが，むしろ《$-f(x)$ が凸》という方が普通だろうと思う．

　点 a の近くで $y = f(x)$ が凸だということは，導関数 $f'(x)$ が a の近くで単調に増加することを意味する．定理 11.7 により，それは a の近くで $f''(x) > 0$ ということにほかならない．

　今後 $f''(x)$ も連続とする．点 a で曲線が凸から凹に，または凹から凸に変るとき，点 $(a, f(a))$ を曲線 $y = f(x)$ の**変曲点**という（図 13.2）．このとき，$f''(x)$ の連続性によって $f''(a) = 0$ となる．逆は成りたたない．たとえば $f(x) = x^4$

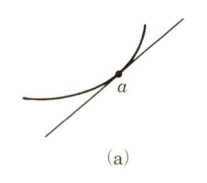

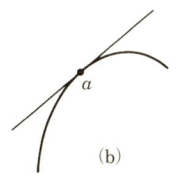

図 13.1

図 13.2

のとき, $f''(0) = 0$ だが, 関数は凸のままである.

第12章で, 極大や極小を調べてグラフを描く練習をしたが, さらに変曲点まで分かると, 図はずっと精密になる.

例 13.1 例 12.2 で扱った関数の変曲点を調べよう. そこの図を見ながら考えよ.

1) $f(x) = \dfrac{1}{4}x^4 + \dfrac{2}{3}x^3 - \dfrac{1}{2}x^2 - 2x + 1$. $f'(x) = x^3 + 2x^2 - x - 2$ だから $f''(x) = 3x^2 + 4x - 1$. $f''(x) = 0$ を解いて二つの変曲点の x 座標 $\dfrac{-2 \pm \sqrt{7}}{3} \fallingdotseq -1.54858,\ 0.21525$ を得る.

2) $f(x) = x^4$. $f''(0) = 0$ だが, これは極小であって変曲点ではない.

3) $f(x) = \dfrac{x}{x^2+1}$. $f'(x) = \dfrac{1-x^2}{(x^2+1)^2}$, $f''(x) = \dfrac{2x^3 - 6x}{(x^2+1)^3}$. $f''(x) = 0$ を解くと, $-\sqrt{3},\ 0,\ \sqrt{3}$. 三点とも変曲点である.

4) $f(x) = x^2 e^{-x}$. $f'(x) = (2x - x^2)e^{-x}$, $f''(x) = (x^2 - 4x + 2)e^{-x}$. $f''(x) = 0$ を解いて二つの変曲点 $2 \pm \sqrt{2}$ を得る.

注意 曲線 $y = f(x)$ のグラフをちょっと傾けてみると, 極大や極小は変ってしまう. しかし変曲点や凹凸は変らない. すなわち, 変曲点や凹凸は曲線に内在する (座標に無関係な) 概念であり, 曲線にとって本質的な意味をもつ.

13.2 ニュートン法

閉区間 $a \leqq x \leqq b$ で十分なめらかな凸関数 $y = f(x)$ があり, $f(a) < 0$, $f(b) > 0$ とする. 中間値の定理により, $f(c) = 0$ となる点 c が a と b の間にあるが, f が凸だということから, このような点 c は一つしかない. この c を計算するよい方法がある.

いま $x_0 = b$ とし, 図 13.3 のように, 点 $(x_0, f(x_0))$ での接線が x 軸と交わる点を x_1 とする. つぎに点 $(x_1, f(x_1))$ での接線が x 軸と交わる点を x_2 とする. この操作を続けると, 点列 $x_0, x_1, x_2, \cdots$ は単調に減少し, 急速に c に近づく. こうして方程式 $f(x) = 0\ (a \leqq x \leqq b)$ のただ一つの解を求める方法を**ニュートン法**という.

13.2 ニュートン法

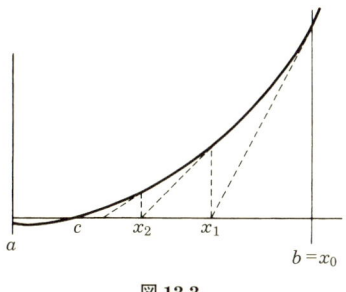

図 13.3

式による計算はつぎのようになる．点 $(x_0, f(x_0))$ での接線の方程式は
$$y - f(x_0) = f'(x_0)(x - x_0)$$
だから，$x_1 = x_0 - \dfrac{f(x_0)}{f'(x_0)}$ である．同様に
$$x_{n+1} = x_n - \dfrac{f(x_n)}{f'(x_n)} \quad (n = 0, 1, 2, \cdots)$$
となる．

注意 $f(a) > 0$, $f(b) < 0$ の場合や $f''(x) < 0$ の場合に定理をどう修正すればよいかは，図を書いてみればすぐに分かる．

例 13.2 1) 正の数 a の p 乗根 $\sqrt[p]{a}$ を求めるために，$f(x) = x^p - a$ とすると，
$$x_{n+1} = x_n - \dfrac{x_n{}^p - a}{p\, x_n{}^{p-1}} = \left(1 - \dfrac{1}{p}\right) x_n + \dfrac{a}{p\, x_n{}^{p-1}}.$$
たとえば $\sqrt[3]{2}$ を求めるために，$x_0 = 2$ からはじめると，$x_1 = 1.5$, $x_2 \fallingdotseq 1.296296$, $x_3 \fallingdotseq 1.260932$, $x_4 \fallingdotseq 1.259921 \fallingdotseq x_5$.

2) $f(x) = x^3 - x^2 - 2x + 1 = 0$ を解く（図 13.4）．$f(2) > 0$, $f(1) < 0$, $f(0) > 0$, $f(-1) > 0$, $f(-2) < 0$ だから，実根が三つある．それらを小さい方から α, β, γ とすると，$-2 < \alpha < -1$, $0 < \beta < 1$, $1 < \gamma < 2$.

α については $x_0 = -2$ からはじめると，$x_5 \fallingdotseq -1.246979 \fallingdotseq x_6$. β については $x = \dfrac{1}{3}$ が変曲点だから，$x_0 = \dfrac{1}{3}$ として $x_2 \fallingdotseq 0.445041 \fallingdotseq x_3$. γ については $x_0 = 2$ として $x_4 \fallingdotseq 1.801937 \fallingdotseq x_5$.

図 13.4

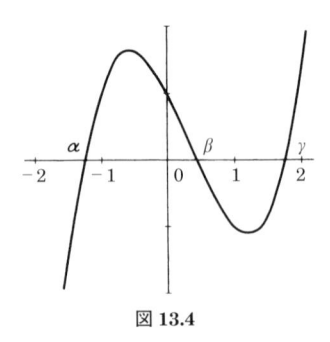

13.3 組合わせの数または二項係数

ここで念のために組合わせの数または二項係数について説明しておく．

1° まず，自然数 n に対し，1 から n までの自然数を全部かけた数を n の**階乗**といい，$n!$ とかく．$0! = 1$ と約束する．

2° n 個のものから k 個を選びだす仕方の数を $_nC_k$ または $\binom{n}{k}$ と書く．$_nC_0 = {_nC_n} = 1$ とする．明らかに $_nC_1 = {_nC_{n-1}} = n$，$_nC_k = {_nC_{n-k}}$．

3° $_nC_k = {_{n-1}C_{k-1}} + {_{n-1}C_k}$ $(1 \leq k \leq n-1)$

証明 n 個のもの（たとえばボール）のうちの 1 個に印をつけておく．この n 個から k 個を選ぶとき，印のついたボールが選ばれる場合と選ばれない場合とに分ける．印のついたボールが選ばれる場合の数は，そのボール以外の $n-1$ 個から $k-1$ 個を選ぶ仕方の数，すなわち $_{n-1}C_{k-1}$ である．一方，印つきのボールが選ばれない場合の数は，そのボール以外の $n-1$ 個から k 個を選ぶ仕方の数 $_{n-1}C_k$ である．この二つを加えれば場合の総数 $_nC_k$ になる．□

4° $_nC_k = \dfrac{n(n-1)\cdots(n-k+1)}{k!} = \dfrac{n!}{k!(n-k)!}$.

証明 n に関する数学的帰納法による．

$$_nC_k = {_{n-1}C_{k-1}} + {_{n-1}C_k}$$
$$= \frac{(n-1)(n-2)\cdots(n-k+1)}{(k-1)!} + \frac{(n-1)(n-2)\cdots(n-k)}{k!}$$

$$= \frac{(n-1)(n-2)\cdots(n-k+1)}{k!}(k+n-k)$$

$$= \frac{n(n-1)\cdots(n-k+1)}{k!}. \quad \square$$

5°　（二項定理）

$$(x+y)^n = \sum_{k=0}^{n} {}_nC_k\, x^k y^{n-k}$$

$$= x^n + {}_nC_1 x^{n-1} y + \cdots + {}_nC_{n-1} x y^{n-1} + y^n.$$

証明　$(x+y)^n$ の展開式のうち，$x^k y^{n-k}$ の項は n 個の $x+y$ のうち，k 個から x を選んだ部分だから，その数は ${}_nC_k$ 個ある．　$\square$

${}_nC_k$ のことを**二項係数**ともいう．

6°　${}_nC_k$ を一般化し，任意の実数 α と自然数 k に対し，

$$_\alpha C_k = \frac{\alpha(\alpha-1)\cdots(\alpha-k+1)}{k!}, \quad {}_\alpha C_0 = 1$$

と定義する．これに対しても ${}_\alpha C_k = {}_{\alpha-1}C_{k-1} + {}_{\alpha-1}C_k$ $(k \geq 1)$ が成りたつ．これはもはや組合わせの数とは関係ないが，二項定理の一般化には欠くことのできない大事な量である．

13.4　高 階 導 関 数

すでに 2 階の導関数 $y'' = f''(x)$ を知った．これをさらに何回も微分することにより，$y = f(x)$ の **n 階導関数**が定義される．それを $y^{(n)}$, $f^{(n)}(x)$, $\dfrac{d^n y}{dx^n}$ などと書く．

関数によっては，その n 階導関数が n を含む簡単な式で書けることがある．

例 13.3　1)　$y = e^{ax}$ なら $y^{(n)} = a^n e^{ax}$．

2)　$y = x^\alpha$ （α は実数）なら，

$$y^{(n)} = \alpha(\alpha-1)\cdots(\alpha-n+1) x^{\alpha-n}$$

もし α が自然数で $\alpha < n$ なら $y^{(n)} \equiv 0$．また $(\log x)' = \dfrac{1}{x}$ だから，

$$(\log x)^{(n)} = \frac{(-1)^{n-1}(n-1)!}{x^n}.$$

3)　$y = \sin x$ のとき，n を 4 で割った余りが 0, 1, 2, 3 であるのに従って，

$y^{(n)}$ は $\sin x$, $\cos x$, $-\sin x$, $-\cos x$ である．これを一つの式で書きたければ，$\cos x = \sin\left(x + \dfrac{\pi}{2}\right)$ を使って，

$$(\sin x)^{(n)} = \sin\left(x + \frac{\pi}{2}n\right).$$

定理 13.1（積の高階導関数）

$$(fg)^{(n)} = \sum_{k=0}^{n} {}_nC_k f^{(n-k)} g^{(k)}.$$

証明 n に関する帰納法による（数学の本では，《帰納法》はつねに数学的帰納法を意味する）．積の導関数の公式 $(fg)' = f'g + fg'$ の両辺を $n-1$ 回微分すると，帰納法の仮定により，

$$(fg)^{(n)} = \sum_{k=0}^{n-1} {}_{n-1}C_k f'^{(n-1-k)} g^{(k)} + \sum_{l=0}^{n-1} {}_{n-1}C_l f^{(n-1-l)} g'^{(l)}.$$

一番右の $\sum$ で $l+1$ を k とかき，両端の項を分離すると，

$$(fg)^{(n)} = f^{(n)}g + \sum_{k=1}^{n-1} {}_{n-1}C_k f^{(n-k)} g^{(k)} + \sum_{k=1}^{n-1} {}_{n-1}C_{k-1} f^{(n-k)} g^{(k)} + fg^{(n)}$$

$$= f^{(n)}g + \sum_{k=1}^{n-1} [{}_{n-1}C_k + {}_{n-1}C_{k-1}] f^{(n-k)} g^{(k)} + fg^{(n)}$$

$$= \sum_{k=0}^{n} {}_nC_k f^{(n-k)} g^{(k)}. \quad\square$$

例 13.4 1) $f(x) = e^x \sin x$．$(e^x)^{(n-k)} = e^x$, $(\sin x)^k = \sin\left(x + \dfrac{k\pi}{2}\right)$ だから，

$$f^{(n)}(x) = \sum_{k=0}^{n} {}_nC_k\, e^x \sin\left(x + \frac{k\pi}{2}\right).$$

2) $f(x) = \dfrac{\log x}{x}$．$(\log x)^{(k)} = \dfrac{(-1)^{k-1}(k-1)!}{x^k}$ $(k \geq 1)$,

$\left(\dfrac{1}{x}\right)^{(n-k)} = \dfrac{(-1)^{n-k}(n-k)!}{x^{n-k+1}}$ だから，$k = 0$ の項を分離して，

$$f^{(n)}(x) = \frac{(-1)^n n!}{x^{n+1}} \log x + \sum_{k=1}^{n} \frac{n!}{k!(n-k)!} \frac{(-1)^{k-1}(k-1)!}{x^k} \frac{(-1)^{n-k}(n-k)!}{x^{n-k+1}}$$

$$= \frac{(-1)^n n!}{x^{n+1}} \log x + \sum_{k=1}^{n} \frac{(-1)^{n-1} n!}{k\, x^{n+1}}$$

$$= \frac{(-1)^n n!}{x^{n+1}} \left(\log x - \sum_{k=1}^{n} \frac{1}{k} \right).$$

問題 13.1 問題 12.1 の 6 個の関数について，それぞれ変曲点を調べて図を精密にせよ．

問題 13.2 ニュートン法により，適当な計算道具を使ってつぎの問題をとけ（数値はたとえば小数第 6 位まで）．

1) $y = \log x$ と $y = e^{-x}$ との交点がちょうど一つあることを示し，その点の座標を求めよ．
2) $x^3 - x^2 - 4x - 1 = 0$ の根の数を調べ，値を求めよ．
3) $x^4 - 2x^2 + x + 1 = 0$ の根の数を調べ，値を求めよ．

問題 13.3 つぎの関数の n 階導関数をなるべく簡潔な式で表わせ．

1) $\dfrac{1}{x^2 - 3x + 2}$ $\left[\text{ヒント}: y = \dfrac{1}{x-2} - \dfrac{1}{x-1} \right]$

2) $\dfrac{ax+b}{cx+d}$ $(ad \neq bc)$ 3) $\sin^3 x$.

第14章

テイラーの定理と多項式近似

14.1 テイラーの定理

高階導関数を使って平均値の定理を精密化したものがテイラーの定理である．

定理 14.1（テイラーの定理） $n+1$ 回微分可能な関数 $f(x)$ に対してつぎの式（**テイラーの公式**）が成りたつ．
$$f(b) = \sum_{k=0}^{n} \frac{f^{(k)}(a)}{k!}(b-a)^k + R_n.$$
ただし，$R_n = \dfrac{f^{(n+1)}(c)}{(n+1)!}(b-a)^{n+1}$ で，c は a と b の間の適当な数である．

証明
$$f(b) = \sum_{k=0}^{n} \frac{f^{(k)}(a)}{k!}(b-a)^k + K(b-a)^{n+1} \tag{1}$$
と書いて，$K = \dfrac{f^{(n+1)}(c)}{(n+1)!}$ となる点 c が a と b の間に存在することを示せばよい．式(1)の右辺の中の a を x に変えた式を $g(x)$ とする：
$$g(x) = \sum_{k=0}^{n} \frac{f^{(k)}(x)}{k!}(b-x)^k + K(b-x)^{n+1}. \tag{2}$$
当然 $g(a) = f(b)$ であるが，$g(b)$ を計算すると，右辺の $k=0$ の項だけが残って $g(b) = f(b)$ となる．したがって $g(a) = g(b)$ だから，ロルの定理によって $g'(c) = 0$ となる点 c が a と b の間に存在する．

$g'(x)$ を計算すると，積の微分法により，
$$g'(x) = \sum_{k=0}^{n} \frac{f^{(k+1)}(x)}{k!}(b-x)^k - \sum_{k=1}^{n} \frac{f^{(k)}(x)}{(k-1)!}(b-x)^{k-1} - (n+1)K(b-x)^n$$
となるが，右辺の二つの $\sum$ の中身はほとんどすべて消しあって，
$$g'(x) = \frac{f^{(n+1)}(x)}{n!}(b-x)^n - (n+1)K(b-x)^n$$
$$= (n+1)(b-x)^n \left[\frac{f^{(n+1)}(x)}{(n+1)!} - K \right]$$
となる．$g'(c) = 0$，$c \neq b$ だから $K = \dfrac{f^{(n+1)}(c)}{(n+1)!}$ となる．□

$n = 0, 1$ の場合の公式を書くと，
$$f(b) = f(a) + f'(c_1)(b-a),$$
$$f(b) = f(a) + f'(a)(b-a) + \frac{f''(c_2)}{2}(b-a)^2$$
となる（c_1, c_2 は a と b の間の適当な数）．第一の式は平均値の定理にほかならない．

テイラーの公式は，使用目的によってつぎのように書くことも多い．

定理 14.1'（テイラー公式の別の書きかた）

a) $f(x) = \sum_{k=0}^{n} \dfrac{f^{(k)}(a)}{k!}(x-a)^k + R_n(x),$

$R_n(x) = \dfrac{f^{(n+1)}(c)}{(n+1)!}(x-a)^{n+1}$, c は a と x の間の適当な数.

b) $f(x+h) = \sum_{k=0}^{n} \dfrac{f^{(k)}(x)}{k!} h^k + R_n(x, h),$

$R_n(x, h) = \dfrac{f^{(n+1)}(x+\theta h)}{(n+1)!} h^{n+1}$, θ は 0 と 1 の間の適当な数.

c) $f(a+x) = \sum_{k=0}^{n} \dfrac{f^{(k)}(a)}{k!} x^k + R_n(x),$

$R_n(x) = \dfrac{f^{(n+1)}(a+\theta x)}{(n+1)!} x^{n+1}$, $0 < \theta < 1$. □

系（0 でのテイラー公式）
$$f(x) = \sum_{k=0}^{n} \frac{f^{(k)}(0)}{k!} x^k + R_n(x),$$

$$R_n(x) = \frac{f^{(n+1)}(\theta x)}{(n+1)!} x^{n+1}, \ 0 < \theta < 1.$$

これをマクローリンの公式と言うこともある.

今後ほとんどすべての場合,0 でのテイラー公式だけを使うことになるだろう.

$R_n(x)$ を**残項**という.残項の内容も問題ではあるが,ここでは $|R_n(x)|$ の大きさ(むしろ小ささ)だけを問題にする.まずこの章では n を固定し,x を 0 に近づけたときの $R_n(x)$ の小さくなる速さを考える.第 15 章では反対に,x を固定して n を大きくしたときの $R_n(x)$ の極限を考える.

14.2　多項式による近似

定理 14.2　$f^{(n+1)}(x)$ が連続とする,0 でのテイラー公式

$$f(x) = \sum_{k=0}^{n} \frac{f^{(k)}(0)}{k!} x^k + R_n(x),$$

$$R_n(x) = \frac{f^{(n+1)}(\theta x)}{(n+1)!} x^{n+1}, \ 0 < \theta < 1$$

において,

$$\lim_{x \to 0} \frac{R_n(x)}{x^n} = 0.$$

すなわち,$x \to 0$ のとき,$R_n(x)$ は x^n よりずっと速く 0 に近づく.

証明　定理 11.2 により,連続関数 $|f^{(n+1)}(x)|$ は 0 を含むある区間 $-a \leqq x \leqq a$ で最大値 M をもつから,

$$\left|\frac{R_n(x)}{x^n}\right| = \frac{|f^{(n+1)}(\theta x)|}{(n+1)!} |x|$$

$$\leqq \frac{M}{(n+1)!} |x| \longrightarrow 0 \quad (x \to 0 \text{ のとき})$$

となって定理が成りたつ.□

この結果を,《ずっと小さい》という意味で $|R_n(x)| \ll |x|^n$ ($x \to 0$ のとき)と書くと分かりやすい.同じことを $R_n(x) = o(x^n)$ と書くこともある.

また，この定理は，0でのテイラー公式の主要部 $\sum_{k=0}^{n} \frac{f^{(k)}(0)}{k!} x^k$ という n 次多項式に比べて，$x \to 0$ のとき残項 $R_n(x)$ が無視できるほど小さいことを意味する．だから，$\sum_{k=0}^{n} \frac{f^{(k)}(0)}{k!} x^k$ は 0 の近くで $f(x)$ を近似する多項式である．これを

$$f(x) \sim \sum_{k=0}^{n} \frac{f^{(k)}(0)}{k!} x^k$$
$$= f(0) + f'(0)x + \frac{f''(0)}{2!} x^2 + \cdots + \frac{f^{(n)}(0)}{n!} x^n$$

と書くことにする．

重要な関数の 0 付近での近似多項式を求めよう．どの関数の場合も，その高階導関数はすべて 0 の近くで連続だから，定理 14.2 が適用される．

定理 14.3

(a) 指数関数

$$e^x \sim \sum_{k=0}^{n} \frac{1}{k!} x^k = 1 + x + \frac{1}{2!} x^2 + \cdots + \frac{1}{n!} x^n.$$

(b) 対数関数

$$\log(1+x) \sim \sum_{k=1}^{n} \frac{(-1)^{k-1}}{k} x^k$$
$$= x - \frac{1}{2} x^2 + \frac{1}{3} x^3 - \cdots + \frac{(-1)^{n-1}}{n} x^n.$$

(c) 三角関数

$$\cos x \sim \sum_{k=0}^{n} \frac{(-1)^k}{(2k)!} x^{2k} = 1 - \frac{1}{2!} x^2 + \frac{1}{4!} x^4 - \cdots + \frac{(-1)^n}{(2n)!} x^{2n},$$
$$\sin x \sim \sum_{k=0}^{n} \frac{(-1)^k}{(2k+1)!} x^{2k+1}$$
$$= x - \frac{1}{3!} x^3 + \frac{1}{5!} x^5 - \cdots + \frac{(-1)^n}{(2n+1)!} x^{2n+1}.$$

(d) 逆三角関数

$$\arctan x \sim \sum_{k=0}^{n} \frac{(-1)^k}{2k+1} x^{2k+1}$$

$$= x - \frac{1}{3}x^3 + \frac{1}{5}x^5 - \cdots + \frac{(-1)^n}{2n+1}x^{2n+1}$$

(e) 二項関数 実数 α に対し，

$$(1+x)^\alpha \sim \sum_{k=0}^{n} {}_\alpha C_k x^k$$

$$= 1 + \alpha x + \frac{\alpha(\alpha-1)}{2\cdot 1}x^2 + \cdots + \frac{\alpha(\alpha-1)\cdots(\alpha-n+1)}{n!}x^n.$$

証明 (a) $(e^x)^{(n)} = e^x$, $e^0 = 1$.

(b) 例 13.3 の 2) により，$\dfrac{d^k}{d\,x^k}\log(1+x) = \dfrac{(-1)^{k-1}(k-1)!}{(1+x)^k}$ だから $f^{(k)}(0) = (-1)^{k-1}(k-1)!$．この近似式は，第 8 章で得た $\log(1+x)$ の級数表示を途中で切ったものである．

(c) $f(x) = \cos x$ なら $f^{(2k)}(x) = (-1)^k \cos x$, $f^{(2k+1)}(x) = (-1)^{k+1}\sin x$ だから $f^{(2k)}(0) = (-1)^k$, $f^{(2k+1)}(0) = 0$. $g(x) = \sin x$ なら $g^{(2k)}(x) = (-1)^k \sin x$, $g^{(2k+1)}(x) = (-1)^k \cos x$ だから $g^{(2k)}(0) = 0$, $g^{(2k+1)}(0) = (-1)^k$.

(d) 関数 $\arctan x$ の n 階導関数は簡単には計算できないから，別のやりかたで近似式を示す．第 6 章でやったつぎの式を使う：

$$\arctan x = \sum_{k=0}^{n} \frac{(-1)^k}{2k+1} x^{2k+1} + R_n(x),$$

$$R_n(x) = \int_0^x \frac{(-1)^{n+1}}{1+u^2} u^{2n+2} du.$$

$$|R_n(x)| \leq \int_0^{|x|} u^{2n+2} du = \frac{|x|^{2n+3}}{2n+3}$$

だから，(n を固定して) $x \to 0$ のとき

$$\left|\frac{R_n(x)}{x^{2n+2}}\right| \leq \frac{|x|}{2n+3} \longrightarrow 0$$

となり，近似式が得られた．

(e) $f(x) = (1+x)^\alpha$ とすると，例 13.3 の 2) により，$f^{(k)}(x) = \alpha(\alpha-1)\cdots(\alpha-k+1)(1+x)^{\alpha-k}$ だから $f^{(k)}(0) = \alpha(\alpha-1)\cdots(\alpha-k+1)$. □

14.2 多項式による近似

以上五つの近似式はどれも重要である．覚えられれば一番よい．

例 14.1 1) 二項関数 $(1+x)^\alpha$ の近似式で $\alpha = \frac{1}{2}$, $n=3$ とすると，

$$\sqrt{1+x} = (1+x)^{\frac{1}{2}} \sim 1 + \frac{1}{2}x + \frac{\frac{1}{2} \cdot -\frac{1}{2}}{2 \cdot 1}x^2 + \frac{\frac{1}{2} \cdot -\frac{1}{2} \cdot -\frac{3}{2}}{3 \cdot 2 \cdot 1}x^3$$

$$= 1 + \frac{1}{2}x - \frac{1}{8}x^2 + \frac{1}{16}x^3.$$

2) $\alpha = -\frac{1}{2}$, $n=3$ とすると，

$$\frac{1}{\sqrt{1+x}} = (1+x)^{-\frac{1}{2}} \sim 1 - \frac{1}{2}x + \frac{-\frac{1}{2} \cdot -\frac{3}{2}}{2 \cdot 1}x^2$$

$$+ \frac{-\frac{1}{2} \cdot -\frac{3}{2} \cdot -\frac{5}{2}}{3 \cdot 2 \cdot 1}x^3 = 1 - \frac{1}{2}x + \frac{3}{8}x^2 - \frac{5}{16}x^3.$$

この二つともとても役に立つ．

3) 最後の式で x を $-x^2$ に置きかえ，最後の項を無視すると（詳しすぎるから），

$$\frac{1}{\sqrt{1-x^2}} \sim 1 + \frac{1}{2}x^2 + \frac{3}{8}x^4$$

となる．この両辺を 0 から x まで積分すると，

$$\arcsin x \sim x + \frac{1}{6}x^3 + \frac{3}{40}x^5$$

が得られる．記号 $\sim$ の両辺を積分してまた $\sim$ の関係が得られることは証明する必要があるが，いまはパスする．

例 14.2 $f(x) = \tan x$ を3次以下の多項式で近似する．x^k の係数は $\frac{f^{(k)}(0)}{k!}$ であるが，$\tan x$ を3回微分するのは得策でない．$\tan x = \sin x \cdot \frac{1}{\cos x}$ を考える．

$$\sin x \sim x - \frac{1}{3!}x^3, \quad \cos x \sim 1 - \frac{1}{2!}x^2 + 0 \cdot x^3.$$

$$\frac{1}{\cos x} \sim \frac{1}{1 - \frac{1}{2}x^2} \sim 1 + \frac{1}{2}x^2.$$

したがって

$$\tan x \sim \left(x - \frac{1}{6}x^3\right)\left(1 + \frac{1}{2}x^2\right) \sim x + \frac{1}{3}x^3.$$

もし x^5 の係数まで知りたければ,

$$\sin x \sim x - \frac{1}{3!}x^3 + \frac{1}{5!}x^5, \ \cos x \sim 1 - \frac{1}{2!}x^2 + \frac{1}{4!}x^4 + 0 \cdot x^5,$$

$$\frac{1}{\cos x} \sim \frac{1}{1 - \left(\frac{1}{2}x^2 - \frac{1}{24}x^4\right)} \sim 1 + \left(\frac{1}{2}x^2 - \frac{1}{24}x^4\right)$$

$$+ \left(\frac{1}{2}x^2 - \frac{1}{24}x^4\right)^2 \sim 1 + \frac{1}{2}x^2 + \frac{5}{24}x^4,$$

$$\tan x \sim \left(x - \frac{1}{6}x^3 + \frac{1}{120}x^5\right)\left(1 + \frac{1}{2}x^2 + \frac{5}{24}x^4\right) \sim x + \frac{1}{3}x^3 + \frac{2}{15}x^5.$$

注意 $f(x) = \tan x$ は奇関数である. すなわち $f(-x) = -f(x)$. 一般に奇関数を多項式で近似すると x の偶数乗の係数は 0 になる. 同様に偶関数の場合, x の奇数乗の係数は 0 である.

例 14.3 $y = (1+x)^x$ を 4 次以下の多項式で近似する.

$$\log y = x \log(1+x) \sim x^2 - \frac{1}{2}x^3 + \frac{1}{3}x^4$$

だから,

$$y = e^{x\log(1+x)} \sim 1 + \left(x^2 - \frac{1}{2}x^3 + \frac{1}{3}x^4\right) + \frac{1}{2}\left(x^2 - \frac{1}{2}x^3 + \frac{1}{3}x^4\right)^2$$

$$\sim 1 + x^2 - \frac{1}{2}x^3 + \frac{5}{6}x^4.$$

例 14.4 $x = 0$ の近くで $f(x) = 1 + \log(1+x)$ と $g(x) = \sin x + \cos x$ とどっちが大きいか.

解 3 次多項式で近似してみると,

$$f(x) \sim 1 + x - \frac{1}{2}x^2 + \frac{1}{3}x^3,$$

$$g(x) \sim 1 + x - \frac{1}{2}x^2 - \frac{1}{6}x^3$$

だから, $x > 0$ なら $f(x) > g(x)$, $x < 0$ なら $f(x) < g(x)$ である. □

例 14.5 $2.5 < e < 3$ を示す. 定理 $14.1'$ の系 (0 でのテイラー公式) を思い

出そう：
$$f(x) = \sum_{k=0}^{n} \frac{f^{(k)}(0)}{k!} x^k + \frac{f^{(n+1)}(\theta x)}{(n+1)!} x^{n+1} \quad (0 < \theta < 1).$$

これを $f(x) = e^x$ に適用し，$n = 2$ とすると，$(e^x)^{(k)} = e^x$ だから，

$e^x = 1 + x + \frac{1}{2}x^2 + \frac{e^{\theta x}}{6}x^3 \ (0 < \theta < 1)$ となる．$x = 1$ として，

$e = 1 + 1 + \frac{1}{2} + \frac{e^\theta}{6} > 2.5$．つぎに $n = 3$ とすると，

$e^x = 1 + x + \frac{1}{2}x^2 + \frac{1}{6}x^3 + \frac{e^{\theta' x}}{24}x^4 \ (0 < \theta' < 1)$．$x = -1$ として，

$e^{-1} = 1 - 1 + \frac{1}{2} - \frac{1}{6} + \frac{e^{-\theta'}}{6} > \frac{1}{3}$，すなわち $e < 3$．□

問題 14.1 つぎの関数を 0 の近くで 3 次多項式によって近似せよ．

1) $\dfrac{x}{\sin x}$ 2) $\dfrac{1}{\sin x + \cos x}$ 3) $\dfrac{1}{\sin x} - \dfrac{1}{x}$

4) $\dfrac{x}{e^x - 1}$ 5) $\dfrac{x}{\log(1 + x)}$.

問題 14.2 0 の近くでつぎの二つの関数はどちらが大きいか．

1) $\dfrac{x}{\sin x}$ と $\dfrac{\arcsin x}{x}$ 2) $\dfrac{x}{\tan x}$ と $\dfrac{\arctan x}{x}$

3) $\dfrac{1}{\sqrt{1+x}}$ と $\dfrac{\log(1+x)}{x}$ 4) e^x と $\cos x + \dfrac{x^2}{\sin x}$.

第15章

関数の極限・テイラー展開

15.1 基本的な極限

定理 15.1 1) $\displaystyle\lim_{x\to 0}\frac{\sin x}{x}=1$.

2) $a>1$ なら $\displaystyle\lim_{x\to+\infty}a^x=+\infty$, とくに $\displaystyle\lim_{x\to+\infty}e^x=+\infty$.

  $a>1$ なら $\displaystyle\lim_{x\to-\infty}a^x=0$, とくに $\displaystyle\lim_{x\to-\infty}e^x=0$.

3) $\displaystyle\lim_{x\to+\infty}\log x=+\infty$, $\displaystyle\lim_{x\to+0}\log x=-\infty$.

4) $\displaystyle\lim_{x\to+\infty}\left(1+\frac{1}{x}\right)^x=e$.

5) $\alpha>0$ なら $\displaystyle\lim_{x\to+\infty}x^\alpha=+\infty$, $\displaystyle\lim_{x\to+0}x^\alpha=0$.

解説 1) は定理 5.1 で証明した. 2) 3) は第 7 章で直観的に解説した. 4) は定理 7.1 であるが, 証明はしていない. 5) を示す. 3) により, $x\to+\infty$ なら $\alpha\log x\to+\infty$ である. $\log x^\alpha=\alpha\log x$, $x^\alpha=e^{\alpha\log x}$ だから, 2) によって
$$\lim_{x\to+\infty}x^\alpha=\lim_{x\to+\infty}e^{\alpha\log x}=+\infty.$$
つぎに $u=\dfrac{1}{x}$ とすると, $x\to+0$ のとき $u\to+\infty$ だから, $\displaystyle\lim_{u\to+\infty}u^\alpha=+\infty$. よって
$$\lim_{x\to+0}x^\alpha=\lim_{u\to+\infty}\frac{1}{u^\alpha}=0. \quad\square$$

例 15.1 $\displaystyle\lim_{x\to 0}\frac{e^x-1}{x}=1$, $\displaystyle\lim_{x\to 0}\frac{\log(1+x)}{x}=1$.

証明 定理 14.3 により, $e^x \sim 1+x$ だから, $\dfrac{e^x-1}{x} \sim 1$. 同様に $\log(1+x) \sim x$ だから $\dfrac{\log(1+x)}{x} \sim 1$. もう少し細かく言うとつぎのようになる. テイラーの定理によって, $e^x = 1+x+\dfrac{e^{\theta x}}{2}x^2$ $(0<\theta<1)$ だから, $\dfrac{e^x-1}{x} = 1+\dfrac{e^{\theta x}}{2}x$ $\longrightarrow 1$ $(x\to 0$ のとき$)$. また, $\log(1+x) = x - \dfrac{1}{2(1+\theta x)^2}x^2$ だから $\dfrac{\log(1+x)}{x}$ $= 1 - \dfrac{1}{2(1+\theta x)^2}x \longrightarrow 1$ $(x\to 0$ のとき$)$. □

例 15.2 1) $\displaystyle\lim_{x\to 0}\dfrac{1}{x}\left(\dfrac{1}{\sin x} - \dfrac{1}{\tan x}\right)$ を求める. まず関数を $f(x) = \dfrac{1-\cos x}{x\sin x}$ と書く方がよい. $1-\cos x \sim \dfrac{1}{2}x^2$, $\sin x \sim x$ だから, $f(x) \sim \dfrac{1}{2}$ すなわち $\displaystyle\lim_{x\to 0}f(x) = \dfrac{1}{2}$.

2) $\displaystyle\lim_{x\to 0}(\cos x)^{\frac{1}{\sin^2 x}}$ を求める. こんな変な関数は教室の外では出てこない. 練習のための作りものである. この関数を $f(x)$ とすると, $\log f(x) = \dfrac{1}{\sin^2 x}\log(\cos x)$. $\cos x \sim 1-\dfrac{1}{2}x^2$ だから $\log(\cos x) \sim -\dfrac{1}{2}x^2$. $\sin^2 x \sim x^2$ だから, $\log f(x) \sim -\dfrac{1}{2}$ すなわち $\displaystyle\lim_{x\to 0}\log f(x) = -\dfrac{1}{2}$. したがって $\displaystyle\lim_{x\to 0}f(x) = e^{-\frac{1}{2}} = \dfrac{1}{\sqrt{e}}$.

15.2 無限大・無限小の比較

x が限りなく大きくなるとき, x^2 も $\sqrt{x}$ も限りなく大きくなる. しかし x^2 の方がずっと速く大きくなる, すなわち $\displaystyle\lim_{x\to+\infty}\dfrac{x^2}{\sqrt{x}} = \lim_{x\to+\infty}x^{\frac{3}{2}} = +\infty$. このように, x がある実数または $\pm\infty$ に近づくにつれて $f(x)$, $g(x)$ がともに $+\infty$ に近づき, しかもその比 $\dfrac{g(x)}{f(x)}$ が $+\infty$ に近づくとき, $g(x)$ は $f(x)$ よりずっと速く大きくなると言い, $f(x) \ll g(x)$ と書く.

もっとも大事なのはつぎの定理である.

定理 15.2 α を正の実数とする. x が $+\infty$ に近づくとき,
$$\log x \ll x^\alpha \ll e^x.$$
とくに,

$$\log x \ll x \text{ の多項式} \ll e^x.$$

証明 $\alpha+1$ より大きい自然数 n をとって，n 階のテイラー公式を e^x に適用すると $(0<\theta<1)$，

$$e^x = 1 + x + \frac{1}{2!}x^2 + \cdots + \frac{1}{n!}x^n + \frac{e^{\theta x}}{(n+1)!}x^{n+1} > \frac{1}{n!}x^n > \frac{1}{n!}x^{\alpha+1} = \frac{x}{n!}x^\alpha.$$

よって $\dfrac{e^x}{x^\alpha} > \dfrac{x}{n!} \longrightarrow +\infty$ $(x \to +\infty$ のとき$)$．

つぎに $u = \alpha \log x$ とおくと，$x \to +\infty$ のとき，$u \to +\infty$，$e^u = x^\alpha$ だから，

$$\frac{x^\alpha}{\log x} = \frac{\alpha e^u}{u} \longrightarrow +\infty. \quad \square$$

系 $x \to +\infty$ のとき，e^{-x}，$\dfrac{1}{x^\alpha}$ $(\alpha > 0)$，$\dfrac{1}{\log x}$ はどれも 0 に近づくが，

$$e^{-x} \ll \frac{1}{x^\alpha} \ll \frac{1}{\log x}.$$

証明 逆数をとればよい．$\square$

例 15.3 1) $\lim\limits_{x \to +0} x \log x = 0$．実際，$u = \dfrac{1}{x}$ とおくと $u \to +\infty$ だから，

$$x \log x = -\frac{\log u}{u} \longrightarrow 0. \quad x^\alpha \log x \ (\alpha > 0) \text{ でも同様である．}$$

2) $\displaystyle\int_0^1 \log x\, dx$ を計算してみる．$\lim\limits_{x \to +0} x \log x = -\infty$ だから，この広義積分は

$$\lim_{a \to +0} \int_a^1 \log x\, dx$$

を意味する．部分積分法により，

$$\int \log x\, dx = \int (x)' \log x\, dx$$
$$= x \log x - \int x \cdot \frac{1}{x} dx = x \log x - x.$$

したがって

$$\int_a^1 \log x\, dx = \Big[x \log x - x\Big]_a^1 = -1 - a \log a + a.$$

ここで $a \to +0$ とすると，直前の例 1) によって $a \log a \to 0$ だから，

$\displaystyle\int_0^1 \log x\, dx = -1$．これから，図 15.1 で斜線を施した非有界領域は有限の面

図 15.1   **図 15.2**

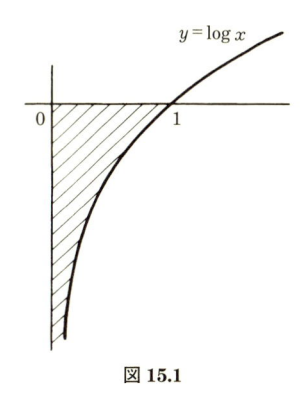

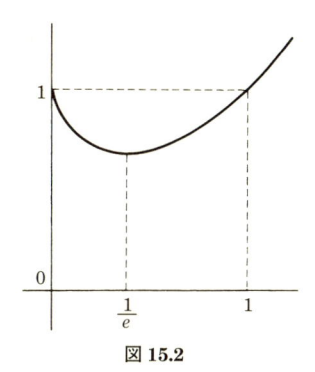

積をもつことがわかり,その値は 1 である. □

3) $x > 0$ での関数 $y = x^x$ の様子を調べる. $\log y = x \log x$ だから,前の例 1) により,$x \to +0$ のとき $\log y \to 0$,したがって $y \to e^0 = 1$. 対数微分法によって $\dfrac{y'}{y} = \log x + 1$,すなわち $y' = x^x(\log x + 1)$. $x \to +0$ のとき,$\log x \to -\infty$,$x^x \to 1$ だから $y' \to -\infty$. すなわち,x が右から 0 に近づくと $y = x^x$ のグラフは垂直に近づき,点 $(0, 1)$ で y 軸に接する. $y' = 0$ となるのは $\log x = -1$ すなわち $x = \dfrac{1}{e}$ のときであり,ここで y は極小となる. $x = 1$ での傾き $y'(1)$ は 1,そこから右は急速に大きくなる (図 15.2).

15.3 テイラー展開

ここで 0 でのテイラー公式に戻ろう.
$$f(x) = \sum_{k=0}^{n} \frac{f^{(k)}(0)}{k!} x^k + R_n(x),$$
$$R_n(x) = \frac{f^{(n+1)}(\theta x)}{(n+1)!} x^{n+1} \quad (0 < \theta < 1).$$

前章の多項式近似のときは,n を固定して x を 0 に近づけた.今度は逆に x を固定して n を限りなく大きくする.もし
$$\lim_{n \to \infty} R_n(x) = 0$$

なら，$f(x)$ は無限級級の和として
$$f(x) = \sum_{n=0}^{\infty} \frac{f^{(n)}(0)}{n!} x^n$$
(k を n に変えた）と表わされることになる．この式が0を含むある区間 $-a < x < a$ で成りたつとき，これを $f(x)$ の**テイラー展開**という．

$\sum_{n=0}^{\infty} \frac{f^{(n)}(0)}{n!} x^n$ は $\lim_{k \to \infty} \sum_{n=0}^{k} \frac{f^{(n)}(0)}{n!} x^n$ のことだから，テイラー展開 $f(x) = \sum_{n=0}^{\infty} \frac{f^{(n)}(0)}{n!} x^n$ は，$f(x)$ を多項式の（次第に次数が高くなる）列の極限として表現する式である．

なお，一般に $\sum_{n=0}^{\infty} a_n x^n$ の形の無限級数を**整級数**または**ベキ級数**という．

われわれはすでに三つの重要な関数のテイラー展開を知っている．まとめておこう．

定理 15.3

a) $\dfrac{1}{1+x} = \sum_{n=0}^{\infty} (-1)^n x^n = 1 - x + x^2 - \cdots \quad (-1 < x < 1)$.

b) $\arctan x = \sum_{n=0}^{\infty} \dfrac{(-1)^n}{2n+1} x^{2n+1} = x - \dfrac{1}{3} x^3 + \dfrac{1}{5} x^5 - \cdots \quad (-1 \leqq x \leqq 1)$.

c) $\log(1+x) = \sum_{n=1}^{\infty} \dfrac{(-1)^{n-1}}{n} x^n = x - \dfrac{1}{2} x^2 + \dfrac{1}{3} x^3 - \cdots \quad (-1 < x \leqq 1)$.

証明 a) は高校ですでになじみの式である．b) は第6章で，c) は第8章で証明した．なお三つの式での x の範囲（とくに $<$ と $\leqq$ の区別）に十分注意すべきである．□

これから他の重要な関数をテイラー展開する．

定理 15.4 任意の実数 x に対し，$\lim_{n \to \infty} \dfrac{x^n}{n!} = 0$.

証明 $|x| \leqq 1$ なら当りまえ．$x < 0$ のときは $|x|$ を考えればよいから，$x > 1$ と仮定する．$2x$ より大きい自然数 L をとると，$L \leqq n$ なら
$$\frac{x^n}{n!} = \overbrace{\frac{x \cdot x \cdot \cdots \cdot x}{1 \cdot 2 \cdot \cdots \cdot L}}^{L\text{ 個}} \cdot \overbrace{\frac{x \cdot \cdots \cdot x}{(L+1) \cdot \cdots \cdot n}}^{n-L\text{ 個}} \leqq \frac{x^L}{L!} \left(\frac{1}{2}\right)^{n-L} \longrightarrow 0$$
$(n \to \infty \text{ のとき})$．□

15.3 テイラー展開

定理 15.5（テイラー展開） 区間 $-a \leq x \leq a$ ［または $-a < x < a$］で何回でも微分できる関数 $f(x)$ を考える．もしあらゆる自然数 n および区間内のあらゆる実数 x に対して
$$|f^{(n)}(x)| \leq cM^n \quad (c, M \text{ は定数})$$
が成りたてば，$f(x)$ はその区間でテイラー級数に展開される：
$$f(x) = \sum_{n=0}^{\infty} \frac{f^{(n)}(0)}{n!} x^n \quad \begin{pmatrix} -a \leq x \leq a \text{ または} \\ -a < x < a \end{pmatrix}.$$

証明 x を固定して残項 $R_n(x) = \dfrac{f^{(n+1)}(\theta x)}{(n+1)!} x^{n+1}$ $(0 < \theta < 1)$ の絶対値を評価すると，$|\theta x| \leq |x|$ だから，仮定によって
$$|R_n(x)| \leq c \frac{|Mx|^{n+1}}{(n+1)!}$$
となるから，前定理によって $\lim_{n \to \infty} R_n(x) = 0$，すなわち $f(x)$ はテイラー級数に展開される．□

定理 15.6 任意の実数 x に対して
$$e^x = \sum_{n=0}^{\infty} \frac{1}{n!} x^n = 1 + x + \frac{1}{2!} x^2 + \frac{1}{3!} x^3 + \cdots.$$

証明 正の任意の実数 a に対し，$c = e^a$，$M = 1$ とすると，$f^{(n)}(x) = e^x$ だから，$-a \leq x \leq a$ なるあらゆる実数 x に対して $|f^{(n)}(x)| = e^x \leq e^a = cM^n$．前定理によって結果が出る．□

定理 15.7 任意の実数 x に対して
$$\cos x = \sum_{n=0}^{\infty} \frac{(-1)^n}{(2n)!} x^{2n} = 1 - \frac{1}{2!} x^2 + \frac{1}{4!} x^4 - \cdots,$$
$$\sin x = \sum_{n=0}^{\infty} \frac{(-1)^n}{(2n+1)!} x^{2n+1} = x - \frac{1}{3!} x^3 + \frac{1}{5!} x^5 - \cdots.$$

証明 $\cos x$，$\sin x$ の n 階導関数の絶対値は 1 以下だから，定理 15.5 で $c = M = 1$ とすればよい．□

定理 15.8 $-1 < x < 1$ なる x と，任意の実数 α に対し，
$$(1+x)^\alpha = \sum_{n=0}^{\infty} {}_\alpha C_n x^n = 1 + \alpha x + \frac{\alpha(\alpha-1)}{2!} x^2 + \cdots$$

$$+ \frac{\alpha(\alpha-1)\cdots(\alpha-n+1)}{n!}x^n + \cdots.$$

これはいまの知識では証明できない（下巻で証明する）．しかし，これが使えないと大変不便なので，結果が正しいことは信用してもらうことにする． □

定理 15.3 および定理 15.6, 7, 8 の六つの関数のテイラー展開は微積分およびその先の解析学全般においてもっとも基本的である．全部記憶するのが望ましい．

例 15.4 1) $\dfrac{1}{\sqrt{1+x}}$ のテイラー展開．$n \geq 1$ なら

$$_{-\frac{1}{2}}C_n = \frac{-\frac{1}{2}\cdot-\frac{3}{2}\cdot\cdots\cdot\left(-\frac{1}{2}-n+1\right)}{n!} = \frac{(-1)^n 1\cdot 3\cdot 5\cdot\cdots\cdot(2n-1)}{2^n n!}$$

だから，

$$\frac{1}{\sqrt{1+x}} = 1 + \sum_{n=1}^{\infty}\frac{(-1)^n 1\cdot 3\cdot 5\cdots(2n-1)}{2^n n!}x^n$$

$$= 1 - \frac{1}{2}x + \frac{3}{8}x^2 - \frac{5}{16}x^3 + \cdots \quad (-1 < x < 1).$$

2) いまの式で x を $-x^2$ に変えると，

$$\frac{1}{\sqrt{1-x^2}} = 1 + \sum_{n=1}^{\infty}\frac{1\cdot 3\cdot 5\cdots(2n-1)}{2^n n!}x^{2n} \quad (-1 < x < 1)$$

となる．この両辺を 0 から x まで積分する．左辺は $\arcsin x$ となる．右辺は，もし項別に積分することが許されるならば，

$$\arcsin x = x + \sum_{n=1}^{\infty}\frac{1\cdot 3\cdot 5\cdots(2n-1)}{2^n n!}\frac{x^{2n+1}}{2n+1}$$

$$= x + \frac{1}{6}x^3 + \frac{3}{40}x^5 + \cdots \quad (-1 < x < 1)$$

となり，$\arcsin x$ のテイラー展開が得られる．《項別積分》してもよいことは『はじめての微積分（下）』で証明する．

3) $f(x) = \dfrac{1}{1-3x+2x^2}$ のテイラー展開．部分分数に分解すると，

$$f(x) = \frac{1}{(1-2x)(1-x)} = \frac{2}{1-2x} - \frac{1}{1-x}$$

$$= 2\sum_{n=0}^{\infty}(2x)^n - \sum_{n=0}^{\infty}x^n = \sum_{n=0}^{\infty}(2^{n+1}-1)x^n.$$

ただし，二つの級数とも収束しなければならないから，$-\frac{1}{2} < x < \frac{1}{2}$ という条件がつく．

4) $f(x) = \left(\dfrac{1+x}{1-x}\right)^2 = 1 - \dfrac{4}{1-x} + \dfrac{4}{(1-x)^2}$．一般に整級数の収束する範囲で定まる関数 $g(x) = \sum_{n=0}^{\infty} a_n x^n$ は項別に微分することができる（これも『はじめての微積分（下）』で扱う）．すなわち $g'(x) = \sum_{n=1}^{\infty} n a_n x^{n-1}$．いま $\dfrac{d}{dx}\left(\dfrac{1}{1-x}\right) = \dfrac{1}{(1-x)^2}$ だから，$\dfrac{1}{(1-x)^2} = \sum_{n=1}^{\infty} n x^{n-1} = \sum_{n=0}^{\infty} (n+1) x^n$．したがって，$-1 < x < 1$ のとき，

$$\left(\frac{1+x}{1-x}\right)^2 = 1 - 4\sum_{n=0}^{\infty} x^n + 4\sum_{n=0}^{\infty} (n+1) x^n = 1 + \sum_{n=1}^{\infty} 4n x^n.$$

問題 15.1 つぎの極限を求めよ．

1) $\displaystyle\lim_{x \to 0} \left(\dfrac{1}{\sin x} - \dfrac{1}{x}\right)$　　2) $\displaystyle\lim_{x \to 0} \left(\dfrac{1}{\sin^2 x} - \dfrac{1}{x^2}\right)$

3) $\displaystyle\lim_{x \to 0} \left(\dfrac{1}{x\sqrt{1-x}} - \dfrac{1}{x\sqrt{1+x}}\right)$　　4) $\displaystyle\lim_{x \to +\infty} \dfrac{x}{\sqrt{1+x^2}}$

5) $\displaystyle\lim_{x \to +\infty} \dfrac{\log(e^x + e^{x^2})}{x^2}$．

問題 15.2 1) 例 15.3 の 3) にならって，$x > 0$ での関数 $y = x^{\frac{1}{x}}$ の様子を調べて略図をかけ．

2) 上の結果を使って，e^π と π^e とどちらが大きいかを調べよ．

問題 15.3 つぎの関数をテイラー展開せよ．有効範囲も明示せよ．

1) $\sqrt{1+x}$　　2) $\dfrac{1}{1-x-2x^2}$　〔ヒント：部分分数分解〕

3) $\sin^3 x$　〔ヒント：3 倍角公式〕

4) $\log(x + \sqrt{x^2+1})$　〔ヒント：微分せよ〕

5) $\log(1 + x + x^2)$　〔ヒント：$(1+x+x^2)(1-x) = 1-x^3$〕．

付　録

曲　　　率

　曲率は曲線の曲がり具合をはかる量である．たとえば円の場合，どの点の近くでも曲がり具合は同じだが，半径 a が小さいほど曲がりかたは激しい．そこで，半径 a の円の各点での曲率が $\frac{1}{a}$ になるように，一般の曲線の曲率を定義することができるとよい．

　定義　十分なめらかな平面曲線 C の長さのパラメーターを s とする．C の点 P から Δs だけ進んだ点（$\Delta s < 0$ でもよい）を Q とする（図1）．P での接線と Q での接線とのなす角を $\Delta \theta$ とする．ただし，曲線が左まがりなら $\Delta \theta > 0$，右まがりなら $\Delta \theta < 0$．点 Q が点 P に限りなく近づいたときの比 $\frac{\Delta \theta}{\Delta s}$ の極限

$$\frac{d\theta}{ds} = \lim_{\Delta s \to 0} \frac{\Delta \theta}{\Delta s}$$

図1

を曲線 C の点 P での**曲率**という．曲率を κ（ギリシャ文字カッパ）と書くことが多い：

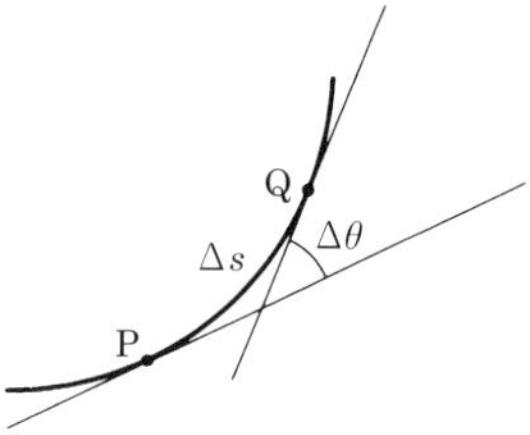

$$\kappa = \kappa(s) = \frac{d\theta}{ds}.$$

もし点 P が C の変曲点なら，曲率 κ はそこで符号が変る．そして $\kappa(P) = 0$．

　例1　1)　直線の曲率は明らかに 0 である．

　2)　半径 ρ の円の場合，(左まわりに見るとして) $\Delta s = \rho \Delta \theta$ だから（図2），

付　　録

$$\kappa = \frac{\Delta\theta}{\Delta s} = \frac{1}{\rho}.$$

そこで，一般の曲線の場合，曲率 κ の逆数 $\rho = \frac{1}{\kappa}$ を**曲率半径**という．

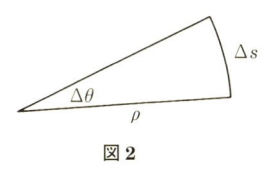

例 2　結び目のない十分滑らかな閉曲線 C の各点で，外側に法線すなわち接線と直交する直線を描き，距離 α の点をプロットしていくと，C より少し大きい閉曲線 C' ができる（図 3）．C と C' の長さがどのくらい違うかを調べる．

C, C' の全長を l, l' とし，それぞれの長さのパラメーターを s, s' とする．曲率半径を ρ, ρ' とすると，微小変化 $\Delta\theta, \Delta s, \Delta s'$ に対して図 4 が描ける．$\rho' \fallingdotseq \rho + \alpha$ だから

$$\rho : \Delta s \fallingdotseq \rho + \alpha : \Delta s',$$

したがって，$\Delta s' \fallingdotseq \frac{\rho + \alpha}{\rho} \Delta s$．よって

$$l' = \int_0^{l'} ds' = \int_0^l \frac{\rho + \alpha}{\rho} ds = l + \alpha \int_0^l \frac{1}{\rho} ds$$
$$= l + \alpha \int_0^l \frac{d\theta}{ds} ds = l + \alpha \int_0^{2\pi} d\theta = l + 2\pi\alpha$$

となる．すなわち，曲線の形と関係なく，長さは円の場合と同じ $2\pi\alpha$ だけふえる．

たとえば，競技場のトラックに一周競走のセパレート走路をつくる場合，走路の幅を 1 メートルとすると（公式競技では 1.25 メートル），ひとつ外側の走

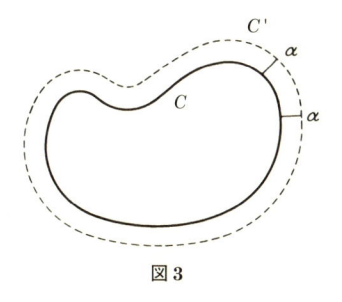

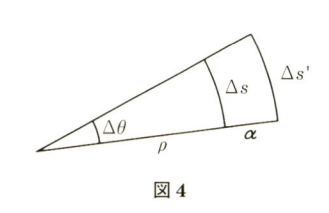

路のスタート点は,トラックの大きさや形と関係なく 2π メートルすなわちほぼ 6.28 メートルだけ前に出せばよい.

もっと精密な話をするためには,曲率 κ を式で表わす必要がある.しかし,一般のパラメーター曲線の場合は複雑で面倒だから,$y = f(x)$ という形の曲線だけを扱う.

定理 1 曲線 $y = f(x)$ の曲率 κ は

$$\kappa = \frac{y''}{(1+y'^2)^{3/2}}$$

で与えられる.

証明 接線の傾きは $y' = \tan\theta$ だから $\theta = \arctan y'$,したがって $\dfrac{d\theta}{dx} = \dfrac{y''}{1+y'^2}$.一方 $ds = \sqrt{dx^2 + dy^2}$ だから $\dfrac{ds}{dx} = \sqrt{1+y'^2}$.よって

$$\kappa = \frac{d\theta}{ds} = \frac{\dfrac{d\theta}{dx}}{\dfrac{ds}{dx}} = \frac{1}{\sqrt{1+y'^2}} \frac{y''}{1+y'^2} = \frac{y''}{(1+y'^2)^{3/2}}. \quad \square$$

例 3 1) $y = x^2$ なら $y' = 2x$,$y'' = 2$ だから,

$$\kappa = \frac{2}{(1+4x^2)^{3/2}}.$$

2) $y = \dfrac{e^x + e^{-x}}{2}$ なら $y' = \dfrac{e^x - e^{-x}}{2}$,$y'' = \dfrac{e^x + e^{-x}}{2}$.$1 + y'^2 = \left(\dfrac{e^x + e^{-x}}{2}\right)^2$ だから,

$$\kappa = \left(\frac{2}{e^x + e^{-x}}\right)^2 = \frac{1}{y^2}.$$

定理 2 曲線 $C : y = f(x)$ の曲率が 0 でない定数なら,C は円(の一部)である.

証明 曲率半径(定数)を ρ とし,$z = \dfrac{dy}{dx} = f'(x)$ とすると,定理 1 により,

$$\frac{1}{(1+z^2)^{3/2}} \frac{dz}{dx} = \frac{1}{\rho},$$

よって $\dfrac{dx}{dz} = \dfrac{\rho}{(1+z^2)^{3/2}}$. $z = \tan u \left(-\dfrac{\pi}{2} < u < \dfrac{\pi}{2} \right)$ とすると $1 + z^2 = \dfrac{1}{\cos^2 u}$, $dz = \dfrac{du}{\cos^2 u}$. したがって

$$x = \rho \int \dfrac{dz}{(1+z^2)^{3/2}} = \pm \rho \int \cos u \, du = \pm \rho \sin u + a$$

(a は定数) と書ける. $\dfrac{x-a}{\rho} = \pm \sin u$, したがって ($\cos u > 0$ だから)

$$z = \tan u = \dfrac{\sin u}{\sqrt{1-\sin^2 u}} = \pm \dfrac{x-a}{\sqrt{\rho^2 - (x-a)^2}},$$

$$y = \int z \, dx = \pm \sqrt{\rho^2 - (x-a)^2} + b$$

(b は定数) となる. よって

$$(x-a)^2 + (y-b)^2 = \rho^2,$$

すなわち C は半径 ρ の円である. □

問題解答

問題解答を通じ，問題になっている関数が何であるかが明らかな場合には，それを $f(x)$ と略記することがある．

第 2 章

1 1) $\dfrac{f(x+h)-f(x)}{h} = \dfrac{(x+h)^2 - x^2}{h} = \dfrac{x^2 + 2xh + h^2 - x^2}{h}$
$= \dfrac{2xh + h^2}{h} = 2x + h.$ よって $f'(x) = 2x.$

2) $y = f(x)$ の，点 $(p, q)(q = f(p))$ での接線は，傾きが $f'(p)$ だから $y - q = f'(p)(x - p)$ で与えられる．いま $f(x) = x^2$ だから $f'(p) = 2p$．したがって，方程式は $y - p^2 = 2p(x - p)$ すなわち $y = 2px - p^2$．

2 1) $(x+h)^3 - x^3 = x^3 + 3x^2h + 3xh^2 + h^3 - x^3 = 3x^2h + 3xh^2 + h^3$．よって
$f'(x) = \lim\limits_{h \to 0} \dfrac{(x+h)^3 - x^3}{h} = \lim\limits_{h \to 0}(3x^2 + 3xh + h^2) = 3x^2.$

2) x^3 の導関数が $3x^2$ だったから，x^2 の原始関数は $\dfrac{1}{3}x^3$ である（確かめよ）．したがって求める面積は $\dfrac{1}{3}b^3 - \dfrac{1}{3}a^3$．

3) $p \neq 0$ とする．1) で解いたように，接線の方程式は $y = 2px - p^2$ である．これと x 軸との交点は，$y = 0$ として $2px = p^2$, $x = \dfrac{p}{2}$．求める面積の図形は，放物線の下の部分から直角三角形を除いたものである．放物線の下の部分は 2) で $a = 0$, $b = p$ の場合だから，面積は $\dfrac{1}{3}p^3$．直角三角形の面積は $\dfrac{1}{2}p^2\left(p - \dfrac{p}{2}\right) = \dfrac{1}{4}p^3$．よって求める面積は $\dfrac{1}{3}p^3 - \dfrac{1}{4}p^3 = \dfrac{1}{12}p^3$．

第 3 章

1 1) 商の導関数の公式により，$f'(x) = \dfrac{1 \cdot (x+3) - 1 \cdot (x-2)}{(x+3)^2} = \dfrac{5}{(x+3)^2}.$

問 題 解 答

2) $f'(x) = \dfrac{3x^2(x^2+1) - 2x(x^3-1)}{(x^2+1)^2} = \dfrac{x^4 + 3x^2 + 2x}{(x^2+1)^2}$.

3) $f'(x) = \dfrac{(2x+1)(x-1)^2 - 2(x-1)(x^2+x+1)}{(x-1)^4}$

$= \dfrac{(2x+1)(x-1) - 2(x^2+x+1)}{(x-1)^3} = \dfrac{-3x-3}{(x-1)^3}$.

4) 定理 3.5 の系により, $f'(x) = -\dfrac{3x^2}{(x^3+1)^2}$.

2 例 3.5 によって $\displaystyle\int x^n dx = \dfrac{1}{n+1}x^{n+1}$ $(n \neq -1)$. 各項の原始関数の和を求めればよい.

1) $\dfrac{1}{4}x^4 - x^2 + 4x$. 2) $\dfrac{1}{4}x^4 + \dfrac{1}{3}x^3 - x^2 + 3x$. 3) $\dfrac{1}{5}x^5 + \dfrac{1}{3}x^3 + 2x$.

4) $x^3 + \dfrac{1}{x}$. 5) $\dfrac{1}{2}x^2 + \dfrac{1}{x^2} - \dfrac{1}{3}\dfrac{1}{x^3}$.

3 $f(x) = ax^3 + bx^2 + cx + d$ とする. 曲線は $(1, 1)$ と $(-1, 1)$ を通るから, $a+b+c+d = 1$, $-a+b-c+d = 1$. 一方, $f'(x) = 3ax^2 + 2bx + c$ だから, 条件によって $f'(1) = 3$ すなわち $3a + 2b + c = 3$, $f'(-1) = -1$ すなわち $3a - 2b + c = -1$. こうして未知数 a, b, c, d に関する 4 つの連立 1 次方程式ができた. これを解いて $a = \dfrac{1}{2}, b = 1, c = -\dfrac{1}{2}, d = 0$.

4 1) 曲線 $y = x^4$ と直線 $y = x$ の原点以外の交点は, $x^4 = x$ から $x = 1$, $y = 1$. よって求める面積は $\displaystyle\int_0^1 (x - x^4)dx = \left[\dfrac{1}{2}x^2 - \dfrac{1}{5}x^5\right]_0^1 = \dfrac{1}{2} - \dfrac{1}{5} = \dfrac{3}{10}$.

2) 接点を (p, p^2+1) とする. $f'(p) = 2p$ だから, 接線の方程式は $y - (p^2+1) = 2p(x-p)$. これは原点を通るから, $x = y = 0$ として $-p^2 - 1 = -2p^2$, $p^2 = 1$. $p > 0$ だから $p = 1$. よって求める面積は

$\displaystyle\int_0^1 (x^2+1)dx - \dfrac{1}{2}1 \cdot (1+1) = \left[\dfrac{1}{3}x^3 + x\right]_0^1 - 1 = \dfrac{1}{3} + 1 - 1 = \dfrac{1}{3}$.

5 1) $f'(x) = 3x^2$ だから, $(1, 1)$ を通る接線の方程式は $y - 1 = 3(x - 1)$ すなわち $y = 3x - 2$. $y = x^3$ と $y = 3x - 2$ を連立させると, $x^3 - 3x + 2 = 0$. この左辺は $x - 1$ で割れるから, 割り算を実行すると, $x^3 - 3x + 2 = (x-1)(x^2+x-2) = (x-1)^2(x+2)$ となるから, $a = -2$, $b = -8$ がもうひとつの交点である.

図 3.5–1)

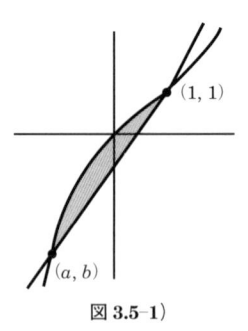

2) 面積は $\int_{-2}^{1}[x^3-(3x-2)]dx = \left[\dfrac{1}{4}x^4-\dfrac{3}{2}x^2+2x\right]_{-2}^{1} = \dfrac{27}{4}$.

第 4 章

1 どれも合成関数の微分法による.

1) $f'(x) = \left[\left(\dfrac{x-1}{x+1}\right)^{\frac{1}{2}}\right]' = \dfrac{1}{2}\left(\dfrac{x-1}{x+1}\right)^{-\frac{1}{2}} \cdot \dfrac{(x+1)-(x-1)}{(x+1)^2} = \sqrt{\dfrac{x+1}{x-1}} \cdot \dfrac{1}{(x+1)^2}$.

2) $f'(x) = [(x^2+2x+2)^{\frac{1}{2}}]' = \dfrac{1}{2}(x^2+2x+2)^{-\frac{1}{2}}(2x+2) = \dfrac{x+1}{\sqrt{x^2+2x+2}}$.

3) $f'(x) = \dfrac{2\sqrt{x^2+2x+2}-(2x-1)\dfrac{x+1}{\sqrt{x^2+2x+2}}}{x^2+2x+2}$

$= \dfrac{2(x^2+2x+2)-(2x-1)(x+1)}{(x^2+2x+2)^{\frac{3}{2}}} = \dfrac{3x+5}{(x^2+2x+2)^{\frac{3}{2}}}$.

2 どれも置換積分法による.

1) $(1-x^2)' = -2x$ だから,$\displaystyle\int x\sqrt{1-x^2}\,dx = -\dfrac{1}{2}\int(1-x^2)'(1-x^2)^{\frac{1}{2}}dx$

$= -\dfrac{1}{2}\cdot\dfrac{2}{3}(1-x^2)^{\frac{3}{2}} = -\dfrac{1}{3}(1-x^2)^{\frac{3}{2}}$.

2) $\left(1+\dfrac{1}{x}\right)' = -\dfrac{1}{x^2}$ だから,$\displaystyle\int\dfrac{1}{x^2}\left(1+\dfrac{1}{x}\right)^3 dx = -\int\left(1+\dfrac{1}{x}\right)'\left(1+\dfrac{1}{x}\right)^3 dx$

$= -\dfrac{1}{4}\left(1+\dfrac{1}{x}\right)^4$.

3) $(x^3+1)' = 3x^2$ だから,$\displaystyle\int\dfrac{x^2}{(x^3+1)^2}dx = \dfrac{1}{3}\int\dfrac{(x^3+1)'}{(x^3+1)^2}dx = -\dfrac{1}{3}\dfrac{1}{x^3+1}$.

3 $y = (a^{\frac{1}{3}}-x^{\frac{1}{3}})^3 = a - 3a^{\frac{2}{3}}x^{\frac{1}{3}} + 3a^{\frac{1}{3}}x^{\frac{2}{3}} - x$ だから,面積は

$$\int_0^a y\,dx = \left[ax - 3a^{\frac{2}{3}}\frac{3}{4}x^{\frac{4}{3}} + 3a^{\frac{1}{3}}\frac{3}{5}x^{\frac{5}{3}} - \frac{1}{2}x^2 \right]_0^a$$
$$= a^2 - \frac{9}{4}a^2 + \frac{9}{5}a^2 - \frac{1}{2}a^2 = \frac{1}{20}a^2.$$

第5章

1 1) $f'(x) = \dfrac{\cos x(\cos x - 1) + \sin x(\sin x + 1)}{(\cos x - 1)^2} = \dfrac{\sin x - \cos x + 1}{(\cos x - 1)^2}.$

   2) $f'(x) = \dfrac{\dfrac{1}{\cos^2 x}(1 + \tan x) - \tan x \dfrac{1}{\cos^2 x}}{(1 + \tan x)^2} = \dfrac{1}{\cos^2 x(1 + \tan x)^2}$

      $= \dfrac{1}{(\cos x + \sin x)^2}.$

   3) $f'(x) = \dfrac{1}{2}\dfrac{2\sin x \cos x}{\sqrt{\sin^2 x + 1}} = \dfrac{\sin x \cos x}{\sqrt{\sin^2 x + 1}}.$

   4) $f'(x) = \cos\dfrac{x-1}{x+1}\cdot\dfrac{(x+1)-(x-1)}{x^2+1} = \dfrac{2}{x^2+1}\cos\dfrac{x-1}{x+1}.$

   5) $f'(x) = -\dfrac{1}{(\cos\sqrt{1+x^2})^2}\dfrac{1}{2}\dfrac{2x}{\sqrt{1+x^2}} = -\dfrac{x}{\sqrt{1+x^2}}\cdot\dfrac{1}{(\cos\sqrt{1+x^2})^2}.$

   6) $f'(x) = \dfrac{\cos x \cdot x - 1\cdot \sin x}{x^2} = \dfrac{x\cos x - \sin x}{x^2}.$

2 1) $\sin^3 x = \sin x(1-\cos^2 x) = \sin x + (\cos x)'\cos^2 x$ だから, $\displaystyle\int \sin^3 x\,dx = -\cos x + \dfrac{1}{3}\cos^3 x$. 別解: 3倍角の公式から $\sin^3 x = 3\sin x \cos^2 x - \sin 3x$. したがって $\displaystyle\int \sin^3 x\,dx = -\cos^3 x + \dfrac{1}{3}\cos 3x$. この関数は, 形は違うが, はじめの解と同じ関数である (確かめよ).

   2) $(\sin x)' = \cos x$ だから, $\displaystyle\int f(x)\,dx = \dfrac{1}{n+1}(\sin x)^{n+1}.$

   3) $(\cos x)' = -\sin x$ だから, $\displaystyle\int f(x)\,dx = \dfrac{1}{\cos x}.$

   4) $\cos^5 x = \cos x \cdot (\cos^2 x)^2 = \cos x(1-\sin^2 x)^2 = \cos x - 2\cos x \sin^2 x + \cos x \sin^4 x$ だから, $\displaystyle\int \cos^5 x\,dx = \sin x - \dfrac{2}{3}\sin^3 x + \dfrac{1}{5}\sin^5 x.$

   5) $\tan^2 x = \dfrac{\sin^2 x}{\cos^2 x} = \dfrac{1-\cos^2 x}{\cos^2 x} = \dfrac{1}{\cos^2 x} - 1$ だから, $\displaystyle\int \tan^2 x\,dx = \tan x - x.$

3 1) 加法定理 $\sin(\alpha+\beta) = \sin\alpha\cos\beta + \cos\alpha\sin\beta$, $\sin(\alpha-\beta) = \sin\alpha\cos\beta - \cos\alpha\sin\beta$ から, $\sin\alpha\cos\beta = \dfrac{1}{2}[\sin(\alpha+\beta) + \sin(\alpha-\beta)]$. $\alpha = mx$, $\beta = nx$ として,

$$\int_{-\pi}^{\pi}\sin mx\cos nx\,dx = \frac{1}{2}\int_{-\pi}^{\pi}[\sin(m+n)x+\sin(m-n)x]dx$$
$$=\frac{1}{2}\left[\frac{-1}{m+n}\cos(m+n)x\right]_{-\pi}^{\pi}+\frac{1}{2}\left[\frac{-1}{m-n}\cos(m-n)x\right]_{-\pi}^{\pi}=0\ (m \neq n).$$

$m=n$ なら第 2 項は 0．よって答えは 0．

2) $\cos 2x = \cos^2 x - \sin^2 x = 2\cos^2 x - 1$ から $\cos^2 x = \frac{1}{2}(\cos 2x + 1)$．よって
$$\int_0^{\pi}\cos^2 x = \frac{1}{2}\left[\frac{1}{2}\sin 2x + x\right]_0^{\pi} = \frac{\pi}{2}.$$

3) 部分積分法による．$(x)' = 1,\ (-\cos x)' = \sin x$ だから，
$$\int x\sin x\,dx = \int x(-\cos x)'dx = -x\cos x + \int \cos x\,dx = -x\cos x + \sin x.$$

よって $\int_0^{\pi} x\sin x\,dx = \left[-x\cos x + \sin x\right]_0^{\pi} = (-\pi)(-1) = \pi$．

4 区間内では $\sin x \geq \frac{1}{2}$ だから，求める区間は $\frac{1}{6}\pi \leq x \leq \frac{5}{6}\pi$．面積は
$$\int_{\frac{1}{6}\pi}^{\frac{5}{6}\pi}[\sin x - (1-\sin x)]dx = \int_{\frac{1}{6}\pi}^{\frac{5}{6}\pi}(2\sin x - 1)dx = \left[-2\cos x - x\right]_{\frac{1}{6}\pi}^{\frac{5}{6}\pi}$$
$$=\left(2\frac{\sqrt{3}}{2} - \frac{5}{6}\pi\right) - \left(-2\frac{\sqrt{3}}{2} - \frac{1}{6}\pi\right) = 2\sqrt{3} - \frac{2}{3}\pi \fallingdotseq 1.3697\ （計算機による）．$$

第 6 章

1 1) 商の微分法により，$f'(x) = \dfrac{\frac{1}{1+x^2}\cdot x - \arctan x}{x^2} = \dfrac{1}{x(1+x^2)} - \dfrac{1}{x^2}\arctan x$．

2) 同様に，$f'(x) = \dfrac{\frac{1}{\sqrt{1-x^2}}\sqrt{x} - \frac{1}{2\sqrt{x}}\arcsin x}{x} = \dfrac{1}{\sqrt{x}\sqrt{1-x^2}} - \dfrac{\arcsin x}{2x\sqrt{x}}$．

3) 合成関数の微分法により，$f'(x) = \dfrac{1}{1+x}\dfrac{1}{2\sqrt{x}}$．

4) 同様に，$f'(x) = \dfrac{1}{\sqrt{1-\left(\dfrac{1-x}{1+x}\right)^2}}\cdot\dfrac{-(1+x)-(1-x)}{(1+x)^2}$

$=\dfrac{1+x}{\sqrt{(1+x)^2-(1-x)^2}}\cdot\dfrac{-2}{(1+x)^2} = \dfrac{1+x}{\sqrt{4x}}\cdot\dfrac{-2}{(1+x)^2} = -\dfrac{1}{\sqrt{x}(1+x)}$．

2 1) $x^2 = u$ とおくと $2x\,dx = du$．よって $\displaystyle\int\dfrac{x}{x^4+1}dx = \dfrac{1}{2}\int\dfrac{du}{u^2+1}$

$$= \frac{1}{2}\arctan u = \frac{1}{2}\arctan x^2.$$

2) $\displaystyle\int \frac{\arcsin x}{\sqrt{1-x^2}}\,dx = \int (\arcsin x)(\arcsin x)'\,dx = (\arcsin x)^2 - \int \frac{\arcsin x}{\sqrt{1-x^2}}\,dx.$

よって $\displaystyle\int \frac{\arcsin x}{\sqrt{1-x^2}}\,dx = \frac{1}{2}(\arcsin x)^2.$

3) ヒントに従う. $\displaystyle\left(\frac{1}{x^2+1}\right)' = -\frac{2x}{(x^2+1)^2}$ だから $\displaystyle\frac{x}{(x^2+1)^2} = \left(-\frac{1}{2(x^2+1)}\right)'.$

よって $\displaystyle\int \frac{x^2}{(x^2+1)^2}\,dx = \int x \cdot \left(-\frac{1}{2(x^2+1)}\right)'\,dx$

$\displaystyle = -\frac{x}{2(x^2+1)} + \frac{1}{2}\int \frac{dx}{x^2+1} = -\frac{x}{2(x^2+1)} + \frac{1}{2}\arctan x.$

4) $u = \sqrt{x^2-1}$ とおくと, $u^2 = x^2-1$, $x = \sqrt{1+u^2}$, $2u\,du = 2x\,dx$, $dx = \dfrac{u}{\sqrt{1+u^2}}\,du.$ よって $\displaystyle\int \frac{dx}{x\sqrt{x^2-1}} = \int \frac{1}{u\sqrt{1+u^2}} \cdot \frac{u}{\sqrt{1+u^2}}\,du = \int \frac{du}{1+u^2}$

$= \arctan u = \arctan\sqrt{x^2-1}.$

5) $\displaystyle\int \frac{\arctan x}{1+x^2}\,dx = \int (\arctan x)(\arctan x)'\,dx = \frac{1}{2}(\arctan x)^2.$

3 これを解くには定理 11.6 が必要である.

1) $f(x) = \arctan(x-1) - \arctan(x+1)$, $g(x) = \arctan\dfrac{x^2}{2} - \dfrac{\pi}{2}$ とおくと,

$\displaystyle f'(x) = \frac{1}{1+(x-1)^2} - \frac{1}{1+(x+1)^2} = \frac{1}{2+x^2-2x} - \frac{1}{2+x^2+2x}$

$\displaystyle = \frac{(2+x^2+2x)-(2+x^2-2x)}{(2+x^2)^2-4x^2} = \frac{4x}{4+x^4}.$ 一方 $\displaystyle g'(x) = \frac{x}{1+\left(\frac{x^2}{2}\right)^2} = \frac{4x}{4+x^4}.$

$f'(x) = g'(x)$ だから, 定理 11.6 によって f, g は定数の差しかない.

$f(0) = -\dfrac{\pi}{4} - \dfrac{\pi}{4} = -\dfrac{\pi}{2} = g(0)$ だから $f(x) = g(x).$

2) $f(x) = \arcsin\dfrac{x-1}{x+1}$, $g(x) = 2\arctan\sqrt{x} - \dfrac{\pi}{2}$ とおくと,

$\displaystyle f'(x) = \frac{1}{\sqrt{1-\left(\dfrac{x-1}{x+1}\right)^2}} \cdot \frac{(x+1)-(x-1)}{(x+1)^2} = \frac{x+1}{\sqrt{(x+1)^2-(x-1)^2}} \cdot \frac{2}{(x+1)^2}$

$\displaystyle = \frac{1}{\sqrt{x}(x+1)}.$ 一方 $\displaystyle g'(x) = \frac{2}{1+x} \cdot \frac{1}{2\sqrt{x}} = \frac{1}{\sqrt{x}(x+1)}.$ $f'(x) = g'(x),$

$f(0) = \arcsin -1 = -\dfrac{\pi}{2},$ $g(0) = -\dfrac{\pi}{2}$ だから $f(x) = g(x).$

第7章

1 1) 合成関数の微分法により, $f'(x) = \dfrac{1 + \dfrac{2x}{2\sqrt{x^2+a}}}{x + \sqrt{x^2+a}} = \dfrac{\sqrt{x^2+a} + x}{\sqrt{x^2+a}(x + \sqrt{x^2+a})}$

$= \dfrac{1}{\sqrt{x^2+a}}$. これから積分公式 $\displaystyle\int \dfrac{dx}{\sqrt{x^2+a}} = \log|x + \sqrt{x^2+a}|$ が得られる.

2) 同様に, $f'(x) = \dfrac{1}{\dfrac{(x-1)^2}{x^2+1}} \cdot \dfrac{2(x-1)(x^2+1) - 2x(x-1)^2}{(x^2+1)^2} = \dfrac{2(x^2+1) - 2x(x-1)}{(x-1)(x^2+1)^2}$

$= \dfrac{2x+2}{(x-1)(x^2+1)}$.

3) 同様に, $f'(x) = \dfrac{\cos(\log x)}{x}$.

4) 同様に, $f'(x) = \dfrac{1}{x \log x}$.

5) 同様に, $f'(x) = \dfrac{1}{\tan\dfrac{x}{2}} \cdot \dfrac{\dfrac{1}{2}}{\cos^2\dfrac{x}{2}} = \dfrac{1}{2\sin^2\dfrac{x}{2}} = \dfrac{1}{\sin x}$. これから積分方式 $\displaystyle\int \dfrac{dx}{\sin x}$

$= \log\left(\tan\dfrac{x}{2}\right)$ が得られる.

2 1) 部分積分法により, $\displaystyle\int x \log x \, dx = \int \left(\dfrac{1}{2}x^2\right)' \log x \, dx = \dfrac{1}{2}x^2 \log x -$

$\displaystyle\int \dfrac{1}{2}x^2 \cdot \dfrac{1}{x} dx = \dfrac{1}{2}x^2 \log x - \dfrac{1}{4}x^2$.

2) 同様に, $\displaystyle\int \dfrac{\log x}{x} dx = \int (\log x)(\log x)' dx = (\log x)^2 - \int \dfrac{1}{x} \log x \, dx$.

よって $\displaystyle\int \dfrac{\log x}{x} dx = \dfrac{1}{2}(\log x)^2$.

3) 同様 $\displaystyle\int \log(x^2+1) dx = \int (x)' \log(x^2+1) dx = x \log(x^2+1) - \int x \cdot \dfrac{2x}{x^2+1} dx$

$= x \log(x^2+1) - 2 \displaystyle\int \dfrac{x^2+1-1}{x^2+1} dx = x \log(x^2+1) - 2x + 2 \arctan x$.

4) 同様に, $\displaystyle\int \sin(\log x) dx = \int (x)' \sin(\log x) dx = x \sin(\log x) - \int x \cos(\log x) \dfrac{1}{x} dx$.

一方, $\displaystyle\int \cos(\log x) dx = \int (x)' \cos(\log x) dx = x \cos(\log x) + \int x \sin(\log x) \dfrac{1}{x} dx$.

よって $\displaystyle\int \sin(\log x) dx = \dfrac{x}{2}[\sin(\log x) - \cos(\log x)]$.

5) $\dfrac{1}{x^2+x-2} = \dfrac{1}{(x-1)(x+2)}$ を部分分数に分解すると, $= \dfrac{1}{3}\left(\dfrac{1}{x-1} - \dfrac{1}{x+2}\right)$.

よって $\displaystyle\int \dfrac{dx}{x^2+x-2} = \dfrac{1}{3}(\log|x-1| - \log|x+2|) = \dfrac{1}{3}\log\left|\dfrac{x-1}{x+2}\right|$.

6) 同様に, $\dfrac{1}{x^2+2x} = \dfrac{1}{x(x+2)} = \dfrac{1}{2}\left(\dfrac{1}{x} - \dfrac{1}{x+2}\right)$. よって

$\displaystyle\int \dfrac{dx}{x^2+2x} = \dfrac{1}{2}(\log|x| - \log|x+2|) = \dfrac{1}{2}\log\left|\dfrac{x}{x+2}\right|$.

3 1) 面積 $= \displaystyle\int_a^b \dfrac{1}{x}dx = \Big[\log x\Big]_a^b = \log b - \log a$.

2) 面積 $= \displaystyle\int_a^b \dfrac{1}{x^2}dx = \Big[-\dfrac{1}{x}\Big]_a^b = \dfrac{1}{a} - \dfrac{1}{b}$.

4 例 7.1 の 2) によって $\displaystyle\int \arctan x\, dx = x\arctan x - \dfrac{1}{2}\log(1+x^2)$. $y = \arctan x$ と $y = -\arctan x + \dfrac{\pi}{2}$ の交点の x 座標は, $2\arctan x = \dfrac{\pi}{2}$ から $x = 1$. よって面積

$= 4\left\{\dfrac{\pi}{4} - \displaystyle\int_0^1 \arctan x\, dx\right\} = 4\left\{\dfrac{\pi}{4} - \Big[x\arctan x - \dfrac{1}{2}\log(1+x^2)\Big]_0^1\right\}$

$= 4\left\{\dfrac{\pi}{4} - \left(\dfrac{\pi}{4} - \dfrac{1}{2}\log 2\right)\right\} = 2\log 2$.

別解:グラフのタテ・ヨコを反対に見れば, $x = \tan y$ だから,

面積 $= 4\displaystyle\int_0^{\frac{\pi}{4}} \tan y\, dy = 4\Big[-\log(\cos y)\Big]_0^{\frac{\pi}{4}} = 4\cdot -\log\dfrac{1}{\sqrt{2}} = 4\log\sqrt{2} = 2\log 2$.

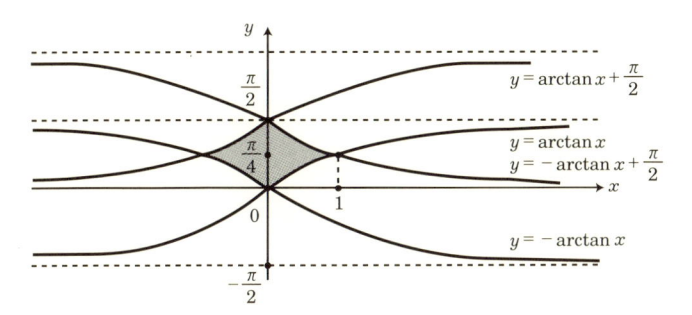

図 7.4

第 8 章

1 1) $f'(x) = e^{x+\frac{1}{x}}\left(1 - \frac{1}{x^2}\right).$

2) $f'(x) = e^{-x^2}(-2x) = -2xe^{-x^2}.$

3) $f'(x) = e^{\arctan x}\dfrac{1}{1+x^2}.$

4) $f'(x) = \dfrac{(e^x)'}{1+(e^x)^2} = \dfrac{e^x}{1+e^{2x}}.$

5) $f'(x) = \dfrac{e^x - e^{-x}}{e^x + e^{-x}}.$

6) $f'(x) = e^{\sqrt{x}} \cdot \dfrac{1}{2\sqrt{x}}.$

2 1) 部分積分法により，$\displaystyle\int xe^x dx = \int x(e^x)' dx = xe^x - \int (x)' e^x dx = xe^x - e^x.$

2) 同様に，$\displaystyle\int x^2 e^x dx = \int x^2 (e^x)' dx = x^2 e^x - \int 2xe^x dx.$ 前問の結果により，

$\displaystyle\int x^2 e^x dx = x^2 e^x - 2(xe^x - e^x).$

3) 置換積分法により，$(e^{-x^2})' = -2xe^{-x^2}$ だから $\displaystyle\int xe^{-x^2} dx = -\dfrac{1}{2}e^{-x^2}.$

4) $\displaystyle\int \dfrac{dx}{e^x + e^{-x}} = \int \dfrac{e^x}{1+(e^x)^2} dx.$ $(e^x)' = e^x$ だから，置換積分法によって，

$\displaystyle\int \dfrac{dx}{e^x + e^{-x}} = \arctan e^x.$

5) $\sqrt{x} = u$ とおくと $x = u^2,\ dx = 2udu$ だから，$\displaystyle\int e^{\sqrt{x}} dx = 2\int ue^u dx.$ 問 1)

により，$= 2(u-1)e^u = 2(\sqrt{x} - 1)e^{\sqrt{x}}.$

6) $\dfrac{1}{x^3 - x} = \dfrac{1}{x(x-1)(x+1)}$ を部分分数に分解して，

$\dfrac{1}{x^3 - x} = \dfrac{1}{2}\left(-\dfrac{2}{x} + \dfrac{1}{x-1} + \dfrac{1}{x+1}\right).$ よって

$\displaystyle\int \dfrac{dx}{x^3 - x} = \dfrac{1}{2}[-2\log|x| + \log|x-1| + \log|x+1|] = \dfrac{1}{2}\log\dfrac{|x^2 - 1|}{x^2}.$

7) $f(x) = \dfrac{x+2}{x^3 - x} = \dfrac{x+2}{x(x-1)(x+1)}$ を部分分数に分解する．$f(x) = \dfrac{A}{x} + \dfrac{B}{x-1}$

$+ \dfrac{C}{x+1}$ とおくと $x + 2 = A(x^2 - 1) + Bx(x+1) + Cx(x-1).$ $x = 0$ として

$2 = -A$, $x = 1$ として $3 = 2B$, $x = -1$ として $1 = 2C$. よって

$$\int f(x)dx = \frac{1}{2}[-4\log|x| + 3\log|x-1| + \log|x+1|] = \frac{1}{2}\log\frac{|x+1||x-1|^3}{x^4}.$$

8) $\dfrac{x^2}{x^3-1} = \dfrac{x^2}{(x-1)(x^2+x+1)} = \dfrac{A}{x-1} + \dfrac{Bx+C}{x^2+x+1}$ とおく. $x^2 = A(x^2+x+1) + (x-1)(Bx+C)$ で $x=1$ として $1 = 3A$, $A = \dfrac{1}{3}$. $x=0$ として $0 = \dfrac{1}{3} - C$, $C = \dfrac{1}{3}$. x^2 の係数をくらべて $1 = \dfrac{1}{3} + B$, $B = \dfrac{2}{3}$. よって $\dfrac{x^2}{x^3-1} = \dfrac{1}{3}\left(\dfrac{1}{x-1} + \dfrac{2x+1}{x^2+x+1}\right)$. $(x^2+x+1)' = 2x+1$ だから, $\int \dfrac{x^2}{x^3-1}dx = \dfrac{1}{3}[\log|x-1| + \log|x^2+x+1|] = \dfrac{1}{3}\log|(x-1)(x^2+x+1)| = \dfrac{1}{3}\log|x^3-1|$. 別解：$(x^3-1)' = 3x^2$ だから, 置換積分法によって $\int \dfrac{x^2}{x^3-1}dx = \dfrac{1}{3}\log|x^3-1|$. この方がずっとよい.

9) 難かしい. $\dfrac{1}{x^3-1}$ を部分分数に分解（計算略）すると,

$$\dfrac{1}{x^3-1} = \dfrac{1}{3}\left(\dfrac{1}{x-1} - \dfrac{x-1}{x^2+x+1}\right) = \dfrac{1}{3}\left(\dfrac{1}{x-1} - \dfrac{1}{2}\dfrac{2x+1-3}{x^2+x+1}\right)$$

$$= \dfrac{1}{6}\left(\dfrac{2}{x-1} - \dfrac{(x^2+x+1)'}{x^2+x+1}\right) + \dfrac{1}{2}\dfrac{1}{x^2+x+1}.$$ よって

$$\int \dfrac{dx}{x^3-1} = \dfrac{1}{6}\log\dfrac{(x-1)^2}{x^2+x+1} + \dfrac{1}{2}\int \dfrac{dx}{x^2+x+1}.$$

$$\int \dfrac{dx}{x^2+x+1} = \int \dfrac{dx}{\left(x+\dfrac{1}{2}\right)^2 + \left(\dfrac{\sqrt{3}}{2}\right)^2} = \dfrac{2}{\sqrt{3}}\arctan\dfrac{2}{\sqrt{3}}\left(x+\dfrac{1}{2}\right)$$

$\left(\int \dfrac{dx}{x^2+a^2} = \dfrac{1}{a}\arctan\dfrac{x}{a} \; (a>0) \text{ による}\right)$. よって

$$\int \dfrac{dx}{x^3-1} = \dfrac{1}{6}\log\dfrac{(x-1)^2}{x^2+x+1} + \dfrac{1}{\sqrt{3}}\arctan\dfrac{2}{\sqrt{3}}\left(x+\dfrac{1}{2}\right).$$

10) $\dfrac{1}{x^3+x} = \dfrac{1}{x(x^2+1)} = \dfrac{1}{x} - \dfrac{x}{x^2+1}$ だから, $\int \dfrac{dx}{x^3+x} = \log|x| - \dfrac{1}{2}\log\dfrac{1}{x^2+1} = \dfrac{1}{2}\log\dfrac{x^2}{x^2+1}$.

3 面積 $= \int_0^{+\infty} e^{-x}dx = \left[e^{-x}\right]_0^{+\infty} = 1$.

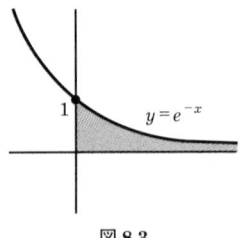

図 8.3

第9章

1 1) 図 9.14 の 1) からわかるように,面積 $= \dfrac{1}{2}\int_0^{2\pi}\theta^2 d\theta = \dfrac{1}{2}\left[\dfrac{1}{3}\theta^3\right]_0^{2\pi} = \dfrac{4}{3}\pi^3$.

2) θ を 0 から 2π まで動かして曲線を書いていくと,図 9.14 の 2) がかける. $\sin^2\alpha = \dfrac{1}{2}(1-\cos 2\alpha)$ だから,面積は $4\cdot\dfrac{1}{2}\int_0^{\frac{\pi}{2}}\dfrac{1}{2}(1-\cos 4\theta)d\theta = \left[\theta - \dfrac{1}{4}\sin 4\theta\right]_0^{\frac{\pi}{2}}$
$= \dfrac{\pi}{2}$.

3) θ を 0 から 2π まで動かして,略図(図 9.14 の 3))をかく. $\cos^2\alpha = \dfrac{1}{2}(1+\cos 2\alpha)$ だから,面積は $2\cdot\dfrac{1}{2}\int_0^{\pi}a^2(1+\cos\theta)^2$
$= a^2\int_0^{\pi}(1+2\cos\theta+\cos^2\theta)d\theta = a^2\int_0^{\pi}\left[1+2\cos\theta+\dfrac{1}{2}(1+\cos 2\theta)\right]d\theta$
$= a^2\left[\dfrac{3}{2}\theta - 2\sin\theta - \dfrac{1}{4}\sin 2\theta\right]_0^{\pi} = \dfrac{3}{2}\pi a^2$.

2 1) 体積 $= \pi\int_{-1}^{1}(x^2-1)^2 dx = \pi\int_{-1}^{1}(x^4-2x^2+1)dx = \pi\left[\dfrac{1}{5}x^5 - \dfrac{2}{3}x^3 + x\right]_{-1}^{1}$
$= 2\pi\left(\dfrac{1}{5} - \dfrac{2}{3} + 1\right) = \dfrac{16}{15}\pi$.

2) 体積 $= \pi\int_0^1(1-\sqrt{x})^4 dx = \pi\int_0^1(1 - 4x^{\frac{1}{2}} + 6x - 4x^{\frac{3}{2}} + x^2)dx$

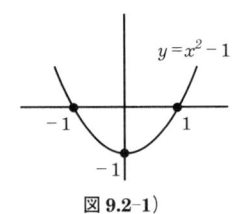

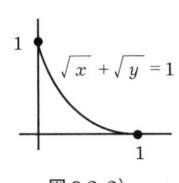

図 9.2-1)

図 9.2-2)

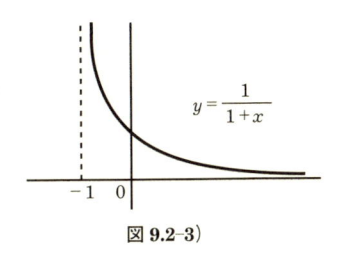

図9.2-3) のグラフ: $y = \dfrac{1}{1+x}$

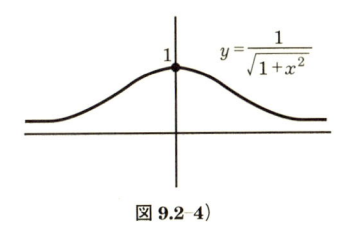

図9.2-4) のグラフ: $y = \dfrac{1}{\sqrt{1+x^2}}$

$$= \pi\left[x - 4\cdot\dfrac{2}{3}x^{\frac{3}{2}} + 3x - 4\cdot\dfrac{2}{5}x^5 + \dfrac{1}{3}x^3\right]_0^1 = \pi\left(1 - \dfrac{8}{3} + 3 - \dfrac{8}{5} + \dfrac{1}{3}\right) = \dfrac{\pi}{15}.$$

3) 体積 $= \pi \displaystyle\int_0^{+\infty} \dfrac{dx}{(1+x)^2} = \pi\left[\dfrac{-1}{1+x}\right]_0^{+\infty} = \pi.$

4) 体積 $= 2\pi \displaystyle\int_0^{+\infty} \dfrac{dx}{1+x^2} = 2\pi\bigl[\arctan x\bigr]_0^{+\infty} = 2\pi \cdot \dfrac{\pi}{2} = \pi^2.$

3 1) 直円錐を横においた図は図1) のようになるから, $f(x) = \dfrac{a}{h}x$, $f'(x) = \dfrac{a}{h}$.

よって表面積は, $2\pi\displaystyle\int_0^h \dfrac{a}{h}x\sqrt{1+\dfrac{a^2}{h^2}}dx = \dfrac{2\pi a}{h^2}\sqrt{h^2+a^2}\int_0^h x\,dx$

$= \dfrac{2\pi a}{h^2}\sqrt{h^2+a^2}\cdot\dfrac{h^2}{2} = \pi a\sqrt{h^2+a^2}.$

これは微積分を使わなくてもできる. 円錐を切りひろげると図1)′のように, 円の一部になる. この円の半径は $\sqrt{h^2+a^2}$, 面積は $\pi(\sqrt{h^2+a^2})^2$. 円周の長さは $2\pi\sqrt{h^2+a^2}$, 実線部分の長さは底面の円周の長さ $2\pi a$ だから, 表面積は

$\pi(\sqrt{h^2+a^2})^2 \cdot \dfrac{2\pi a}{2\pi\sqrt{h^2+a^2}} = \pi a\sqrt{h^2+a^2}.$

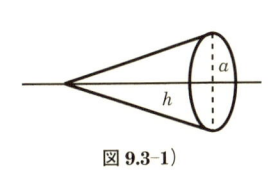

図9.3-1)

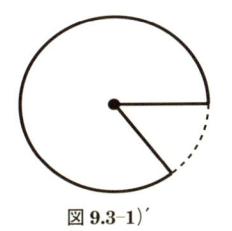

図9.3-1)′

2) 図は y 軸に関して対称である. $1+y'^2 = 1 + \dfrac{e^{2x}-2+e^{-2x}}{4} = \left(\dfrac{e^x+e^{-x}}{2}\right)^2$

だから, 表面積は $2\cdot 2\pi\displaystyle\int_0^a \dfrac{e^x+e^{-x}}{2}\cdot\dfrac{e^x+e^{-x}}{2}dx = \pi\int_0^a (e^{2x}+e^{-2x}+2)dx$

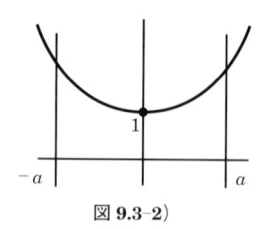

図 9.3–2)

$$= \pi \left[\frac{1}{2} e^{2x} - \frac{1}{2} e^{-2x} + 2x \right]_0^a = \frac{\pi}{2} (e^{2a} - e^{-2a} + 4a).$$

第 10 章

1 1) 問題 9.3 の 2) で計算したように, $\sqrt{1+y'^2} = \dfrac{e^x + e^{-x}}{2}$ だから,

$$\text{長さ} = \int_0^a \frac{e^x + e^{-x}}{2} dx = \frac{1}{2} \left[e^x - e^{-x} \right]_0^a = \frac{1}{2}(e^a - e^{-a}).$$

2) 図と公式から, $\text{長さ} = 2a \displaystyle\int_0^\pi \sqrt{(-\sin\theta)^2 + (1+\cos\theta)^2} d\theta = 2\sqrt{2}a \int_0^\pi \sqrt{1+\cos\theta}\, d\theta$. $1 + \cos\theta = 2\cos^2\dfrac{\theta}{2}$ だから, $\text{長さ} = 4a \displaystyle\int_0^\pi \cos\dfrac{\theta}{2} d\theta = 4a \left[2\sin\dfrac{\theta}{2} \right]_0^\pi = 8a.$

3) $y' = \dfrac{\cos x}{\sin x}$, $\sqrt{1+y'^2} = \dfrac{1}{\sin x}$. $l = \displaystyle\int_{\frac{1}{3}\pi}^{\frac{2}{3}\pi} \dfrac{dx}{\sin x} = \left[\log \left(\tan \dfrac{x}{2} \right) \right]_{\frac{1}{3}\pi}^{\frac{2}{3}\pi}$

$= \log \left(\tan \dfrac{1}{3}\pi \right) - \log \left(\tan \dfrac{1}{6}\pi \right) = \log \sqrt{3} - \log \dfrac{1}{\sqrt{3}} = \log 3.$

2 どの問題も, パラメーター t の分かりやすい値での点 $(x(t), y(t))$ をプロットして図をかき, それが正の向きの単純閉曲線であることを確かめる. 面積を S とする.

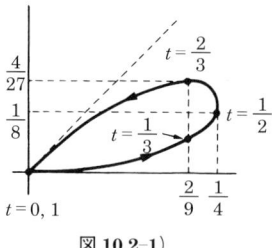

図 10.2–1) 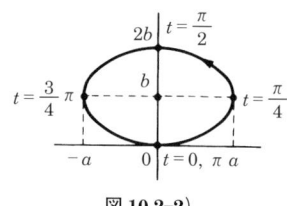   図 10.2–2)

1) $S = \int_0^1 x(t)y'(t)dt = \int_0^1 (t-t^2)(2t-3t^2)dt = \int_0^1 (2t^2 - 5t^3 + 3t^4)dt$

$= \left[\dfrac{2}{3}t^3 - \dfrac{5}{4}t^4 + \dfrac{3}{5}t^5\right]_0^1 = \dfrac{2}{3} - \dfrac{5}{4} + \dfrac{3}{5} = \dfrac{1}{60}.$ $S = -\int_0^1 x'(t)y(t)dt$ を計算して

も同じ結果がでる.

2) $S = \int_0^\pi x(t)y'(t) = ab\int_0^\pi \sin 2t \cdot 2\sin 2t\, dt = ab\int_0^\pi (1-\cos 4t)dt$

$= ab\left[t - \dfrac{1}{4}\sin 4t\right]_0^\pi = \pi ab.$

3) $S = -\int_{-\pi}^\pi x'(t)y(t)dt = 2\int_{-\pi}^\pi t\sin t\, dt = 2\left[-t\cos t + \sin t\right]_{-\pi}^\pi = 4\pi.$

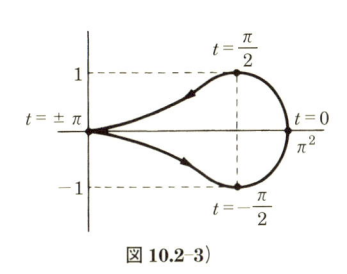

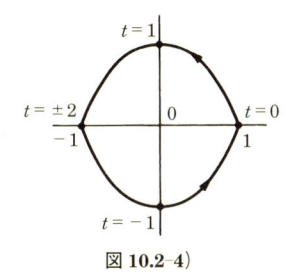

図 10.2-3) **図 10.2-4)**

4) $S = \int_{-2}^2 x(t)y'(t)dt = \int_{-2}^0 2(t+1)^2 dt + \int_0^2 2(t-1)^2 dt$

$= \dfrac{2}{3}\left[(t+1)^3\right]_{-2}^0 + \dfrac{2}{3}\left[(t-1)^3\right]_0^2 = \dfrac{2}{3}(1+1) + \dfrac{2}{3}(1+1) = \dfrac{8}{3}.$ 別解:t を消去す

ると,$y = \pm(x^2-1)$ となり,放物線である.4部分の面積は等しいから,

$S = 4\int_0^1 (1-x^2)dx = 4\left[x - \dfrac{1}{3}x^3\right]_0^1 = 4\left(1-\dfrac{1}{3}\right) = \dfrac{8}{3}.$

5) $S = -\int_0^\pi x'(t)y(t)dt = -\int_0^{\frac{\pi}{2}} (-\sin t)\cos t \sin t\, dt - \int_{\frac{\pi}{2}}^\pi \sin t \cdot \cos t \sin t\, dt$

$= \int_0^{\frac{\pi}{2}} \sin^2 t \cos t\, dt - \int_{\frac{\pi}{2}}^\pi \sin^2 t \cos t\, dt = \left[\dfrac{1}{3}\sin^3 t\right]_0^{\frac{\pi}{2}} - \left[\dfrac{1}{3}\sin^3 t\right]_{\frac{\pi}{2}}^\pi$

$= \dfrac{1}{3} - \left(-\dfrac{1}{3}\right) = \dfrac{2}{3}$

148

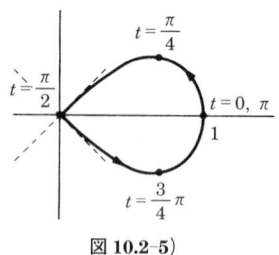

図 10.2-5)

第 12 章

1 1) $f'(x) = 4x^3 - 4x = 4x(x+1)(x-1)$. よって -1, 0, 1 が極値候補. $f''(x) = 4(3x^2 - 1)$. $f''(-1) = f''(1) = 8 > 0$, $f''(0) = -4 < 0$. よって f は -1 と 1 で極小, 0 で極大.

2) $f'(x) = 1 - \dfrac{1}{x^2}$ だから ± 1 が極値候補. $f''(x) = \dfrac{2}{x^3}$. $f''(\pm 1) = \pm 2$ だから, f は -1 で極大, 1 で極小. なお, $x \to \pm \infty$ のとき $f(x) \to \pm \infty$. $x \to \pm 0$ のとき $f(x) \to \pm \infty$.

3) $f'(x) = \dfrac{e^x - e^{-x}}{2}$ だから 0 が極値候補. $f''(x) = \dfrac{e^x + e^{-x}}{2} > 0$ だから, f は

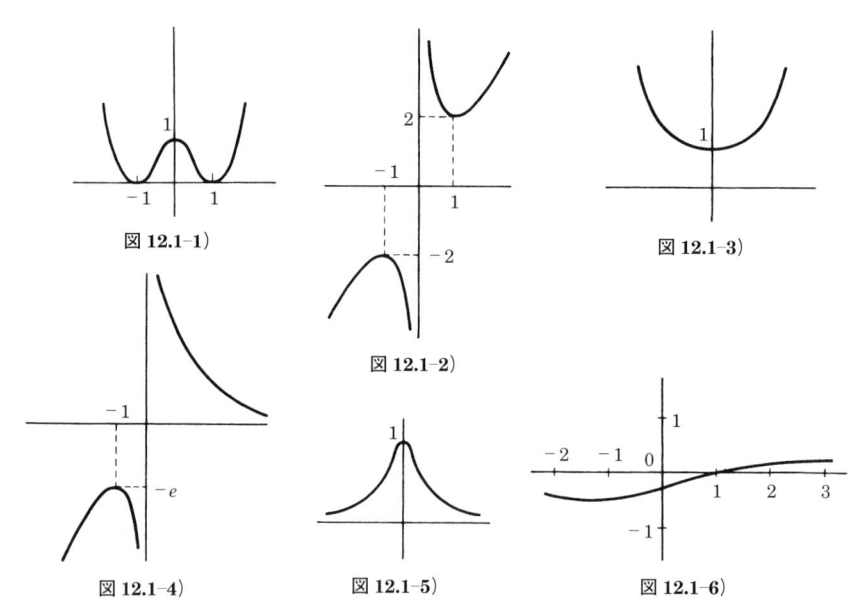

図 12.1-1)

図 12.1-2)

図 12.1-3)

図 12.1-4)

図 12.1-5)

図 12.1-6)

0 で極小.

4) $f'(x) = -\dfrac{e^{-x}(x+1)}{x^2}$ だから,$x = -1$ が極値候補.$f''(x) = \dfrac{(x^2+2x-2)e^{-x}}{x^3}$ だから $f''(-1) = 3e > 0$.よって f は -1 で極小.なお,$x \to +\infty$ のとき $f(x) \to +0$,$x \to -\infty$ のとき $f(x) \to -\infty$,$x \to \pm 0$ のとき $f(x) \to \pm\infty$.

5) $f'(x) = -2xe^{-x^2}$ だから,0 が極値候補.$f''(x) = -2e^{-x^2} + 4xe^{-x^2}$ だから $f''(0) = -2 < 0$.よって f は 0 で極大.$\lim\limits_{x \to \pm\infty} f(x) = 0$.

6) $f'(x) = -\dfrac{(x+1)(x-3)}{(x^2+3)^2}$ だから -1 と 3 が極値候補.$f''(x) = \dfrac{2x^3 - 6x^2 - 18x + 6}{(x^2+3)^3}$,$f''(-1) > 0$,$f''(3) < 0$ だから,f は -1 で極小,3 で極大.$f(0) = -\dfrac{1}{3}$,$f(1) = 0$,$\lim\limits_{x \to \pm\infty} f(x) = \pm 0$.

2 1) 前問 2) の図から,$x = 1$ で最小値 2,最大値なし.

2) 前問 1) の図から,$x = 1$ で最小値 0,$x = 2$ で最大値 9.

3) $f'(x) = x^3 - x^2 - 2x = x(x+1)(x-2)$.$-2 < -1 < 2 < 3$ だから,-1,0,2 が極値候補.$f''(x) = 3x^2 - 2x - 2$.$f''(-1) > 0$,$f''(0) < 0$,$f''(2) > 0$ だから,-1 と 2 で極小,0 で極大.ここでの関数値と,端点 -2,3 での関数値の大小をくらべる.$f(-1) = -\dfrac{5}{12}$,$f(2) = -\dfrac{8}{3}$ だから $f(-1) > f(2)$.$f(0) = 0$.$f(-2) = \dfrac{8}{3}$,$f(3) = \dfrac{9}{4}$ だから $f(-2) > f(3) > f(0)$.略図をかくと図 3) になる.

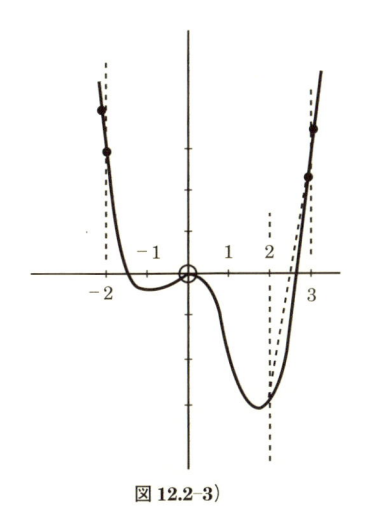

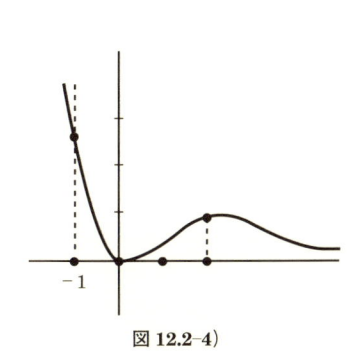

図 12.2-3)   図 12.2-4)

したがって $x=2$ で最小, $x=-2$ で最大.

4) $f'(x)=x(2-x)e^{-x}$ だから, 0 と 2 が極値候補. $f(x)\geqq 0$, $f(0)=0$ だから, f は 0 で最小である. $f''(2)<0$ だから f は 2 で極大. $f(2)$ と $f(-1)$ をくらべる. $f(-1)=e$, $f(2)=4e^{-2}$ であり, $e>2$ だから $f(-1)>f(2)$. よって f は -1 で最大である.

3 まず双曲線の略図をかく（図 12.3）．もし $p<a$ なら，あきらかに $x=a$ で最小値 $a-p$ である．今後 $p\geqq a$ とし，弦の長さ l の 2 乗を $f(x)$ とする．$y^2=b^2\left(\dfrac{x^2}{a^2}-1\right)$ だから，$f(x)=(x-p)^2+y^2=(x-p)^2+\dfrac{b^2}{a^2}x^2-b^2$

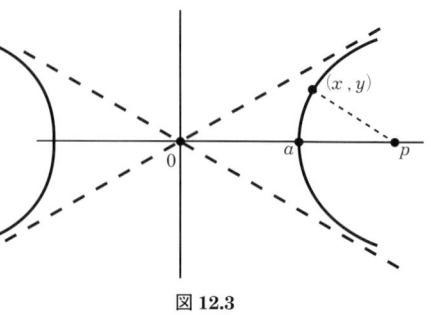

図 12.3

$(x\geqq a)$. $f'(x)=2(x-p)+2\dfrac{b^2}{a^2}x=2x\left(1+\dfrac{b^2}{a^2}\right)-2p$ だから，$f'(x)=0$ を解いて，極小点の候補 $x=\dfrac{a^2p}{a^2+b^2}$ を得る．これが a 以上であるための条件は $p\geqq\dfrac{a^2+b^2}{a}$ である．このとき，l は $x=\dfrac{a^2p}{a^2+b^2}$ で最小値 $\sqrt{\dfrac{b^2p^2}{a^2+b^2}-b^2}$ をとる．$p<\dfrac{a^2+b^2}{a}$ のときは $f(x)$ は単調増加で，$x=a$ で最小値 $(p-a)^2$ をとる（l の最小値は $p-a$）．まとめると，$p\geqq\dfrac{a^2+b^2}{a}$ なら最小値 $\sqrt{\dfrac{b^2p^2}{a^2+b^2}-b^2}$，$0\leqq p<\dfrac{a^2+b^2}{a}$ なら最小値 $|p-a|$.

4 円錐の底面の半径を r，高さを h とすると，体積 $V=\dfrac{\pi r^2 h}{3}$ は既知である．円錐を横だおしした図が図 12.4 である．根号をさけるために三角関数を使う．$r=a\sin\theta$, $h=a+a\cos\theta=a(1+\cos\theta)$ とかける $(0<\theta<\pi)$.

$$V(\theta)=\dfrac{\pi a^3}{3}\sin^2\theta(1+\cos\theta).$$

$V'(\theta)=\dfrac{\pi a^3}{3}[2\sin\theta\cos\theta(1+\cos\theta)-\sin^3\theta]$
$=\dfrac{\pi a^3}{3}\sin\theta(2\cos\theta-3\cos^2\theta-1)$

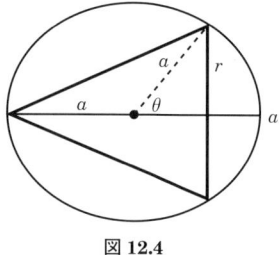

図 12.4

$$= -\frac{\pi a^3}{3}\sin\theta(3\cos\theta - 1)(\cos\theta - 1).$$

$V'(\theta) = 0 \ (0 < \theta < \pi)$ から $\cos\theta = \dfrac{1}{3}$ を得る．$\sin\theta = \dfrac{2\sqrt{2}}{3}$ だから，半径 $r = \dfrac{2\sqrt{2}\,a}{3}$，高さ $h = \dfrac{4}{3}a$ のとき，体積は最大．

第13章

1 1) $f'(x) = 4x^3 - 4x$, $f''(x) = 4(3x^2 - 1)$ だから，$x = \pm\dfrac{1}{\sqrt{3}}$ が変曲点である．

2) $f''(x) = \dfrac{2}{x^3}$ だから変曲点はない．

3) $f''(x) = \dfrac{e^x + e^{-x}}{2}$ だから変曲点はない．

4) $f''(x) = \dfrac{e^{-x}}{x^3}(x^2 + 2x + 2)$．この2次式の判別式は負だから変曲点はない．

5) $f''(x) = 2e^{-x^2}(2x^2 - 1)$ だから，$x = \pm\dfrac{1}{\sqrt{2}}$ が変曲点である．

6) $f''(x) = \dfrac{2x^3 - 6x^2 - 18x + 6}{(x^2 + 3)^3}$．図から見当をつけると，3個の変曲点がある．それらを $\alpha < \beta < \gamma$ とする．計算道具を使わないとき，x が0に近い整数のときの $f(x)$ を計算すると，$f''(-3) < 0$, $f''(-2) > 0$, $f''(0) > 0$, $f''(1) < 0$, $f''(4) < 0$, $f''(5) > 0$ だから，$-3 < \alpha < -2$, $0 < \beta < 1$, $4 < \gamma < 5$．

2 1) $x > 0$ だけで考える．図1)から見当がつくように，$\log x = e^{-x}$ となる点がただひとつ存在する．厳密には $f(x) = \log x - e^{-x}$ とすると，$x \to +\infty$ のとき $f(x) \to +\infty$, $x \to +0$ のとき $f(x) \to -\infty$ だから，中間値の定理によって，

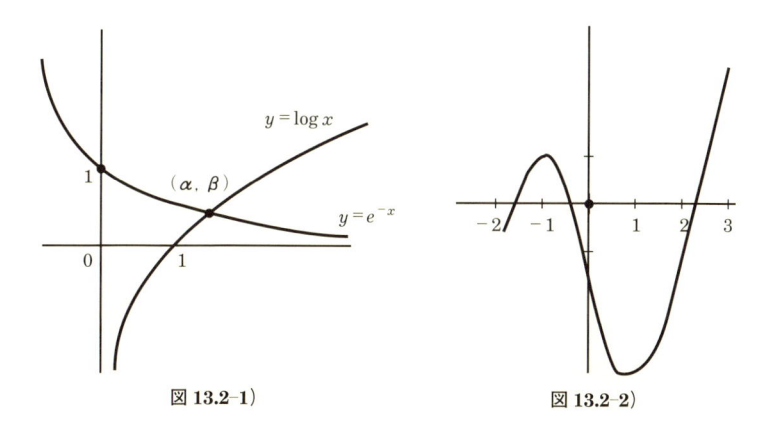

図 13.2–1)   図 13.2–2)

$f(x) = 0$ となる点 x が少なくともひとつある．$f'(x) = \dfrac{1}{x} + e^{-x} > 0$ だから，f は単調増加であり，$f(x) = 0$ となる点 x はひとつしかない．この交点を (α, β) とする．ニュートン法を $x = 1$ からはじめると，計算によって $\alpha \fallingdotseq 1.309799$, $\beta \fallingdotseq 0.269874$.

2) 略図をかくことが大事である．$f(-2) < 0$, $f(-1) > 0$, $f(0) < 0$, $f(2) < 0$, $f(3) > 0$ だから，根は3個ある．それらを $\alpha < \beta < \gamma$ とすると，$-2 < \alpha < -1$, $-1 < \beta < 0$, $2 < \gamma < 3$. ニュートン法によって計算すると，$\alpha \fallingdotseq -1.377202$, $\beta \fallingdotseq -0.273890$, $\gamma \fallingdotseq 2.651093$.

3) はじめから計算機に頼ればなんでもないが，計算機なしで根の大体の所在および個数を求めようとすると難かしい．$f'(x) = 4x^3 - 4x + 1$, $f''(x) = 4(3x^2 - 1)$ だから，$x \pm \dfrac{1}{\sqrt{3}}$ が変曲点の候補である．$f(x) = (x^2 - 1)^2 + x$ だから，$x \geqq 0$ なら $f(x) > 0$. したがって根はすべて負である．もし3個以上の根があるとすると，変曲点が少なくとも2個なければならない（図3）′参照）．しかし，$x < 0$ の範囲に変曲点は1個 $\left(x = -\dfrac{1}{\sqrt{3}}\right)$ しかないから，$f(x) = 0$ の根は多くても2個である．$f(-2) > 0$, $f(-1) < 0$, $f(1) > 0$ だから2根 $\alpha < \beta$ があり，$-2 < \alpha < -1 < \beta < 0$ である．ニュートン法によって計算すると，$\alpha \fallingdotseq -1.490216$, $\beta \fallingdotseq -0.524889$.

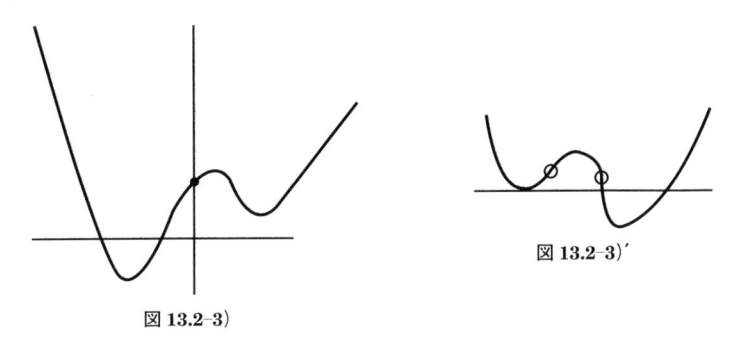

図 13.2-3)

図 13.2-3)′

3 1) $f(x) = \dfrac{1}{x-2} - \dfrac{1}{x-1}$ だから $f^{(n)}(x) = \left(\dfrac{1}{x-2}\right)^{(n)} - \left(\dfrac{1}{x-1}\right)^{(n)}$
$= (-1)^n n! \left[\dfrac{1}{(x-2)^{n+1}} - \dfrac{1}{(x-1)^{n+1}}\right]$.

2) $f'(x) = \dfrac{ad - bc}{(cx+d)^2}$, $f''(x) = (ad - bc)(-2)\dfrac{c}{(cx+d)^3}$. 帰納法により，

$$f^{(n)}(x) = \frac{(-1)^{n-1} n! c^{n-1}(ad-bc)}{(cx+d)^{n+1}} \quad (n \geq 1).$$

3) 3倍角の公式 $\sin 3x = 3\sin x - 4\sin^3 x$ から, $\sin^3 x = \frac{3}{4}\sin x - \frac{1}{4}\sin 3x$.

$(\sin x)' = \cos x = \sin\left(x + \frac{\pi}{2}\right)$, $(\sin 3x)' = 3\cos 3x = 3\sin\left(3x + \frac{\pi}{2}\right)$ だから, 帰納法によって $f^{(n)}(x) = \frac{3}{4}\sin\left(x + \frac{\pi}{2}n\right) - \frac{3^n}{4}\sin\left(3x + \frac{\pi}{2}n\right)$.

第14章

はじめに $\frac{1}{1-x} \sim 1+x$, $\frac{1}{1-x} \sim 1+x+x^2$ ($|x|<1$) を証明しておく. $s_k = 1+x+\cdots+x^{k-1} = \sum_{n=0}^{k-1} x^k$ とすると, $xs_k = x+x^2+\cdots+x^{k-1}+x^k$ だから $(1-x)s_k = 1-x^k$. $|x|<1$ とする. $s_k = \frac{1-x^k}{1-x}$ で, $k \to \infty$ とすると $x^k \to 0$ だから $s_k \to \frac{1}{1-x}$. すなわち $\frac{1}{1-x} = \lim_{k \to \infty} s_k = \sum_{n=0}^{\infty} x^n = 1+x+x^2+\cdots$. よって $\frac{1}{1-x} \sim 1+x+\cdots+x^k$.

1 1) $\sin x \sim x - \frac{1}{6}x^3 = x\left(1 - \frac{1}{6}x^2\right)$ だから, $\frac{x}{\sin x} \sim \frac{1}{1-\frac{1}{6}x^2} \sim 1 + \frac{1}{6}x^2$ (つぎの項は4次である).

2) $\sin x \sim x - \frac{1}{6}x^3$, $\cos x \sim 1 - \frac{1}{2}x^2$ だから $\sin x + \cos x \sim 1 + \left(x - \frac{1}{2}x^2 - \frac{1}{6}x^3\right)$.

$\frac{1}{\sin x + \cos x} \sim 1 - \left(x - \frac{1}{2}x^2 - \frac{1}{6}x^3\right) + \left(x - \frac{1}{2}x^2\right)^2 - x^3 \sim 1 - x + \frac{1}{2}x^2 + \frac{1}{6}x^3 + x^2 - x^3 - x^3 = 1 - x + \frac{3}{2}x^2 - \frac{11}{6}x^3$.

3) $\frac{1}{\sin x} - \frac{1}{x} \sim \frac{1}{x}\left(\frac{1}{1-\left(\frac{1}{6}x^2 - \frac{1}{120}x^4\right)} - 1\right)$

$\sim \frac{1}{x}\left[\left(\frac{1}{6}x^2 - \frac{1}{120}x^4\right) + \left(\frac{1}{6}x^2 - \frac{1}{120}x^4\right)^2\right] \sim \frac{1}{x}\left(\frac{1}{6}x^2 - \frac{1}{120}x^4 + \frac{1}{36}x^4\right)$

$= \frac{1}{6}x + \frac{7}{360}x^3$. 最後に x で割るから, x^4 の項まで計算する必要がある.

4) $e^x \sim 1 + x + \frac{1}{2}x^2 + \frac{1}{6}x^3 + \frac{1}{24}x^4$ だから, $\frac{x}{e^x - 1} \sim \frac{1}{1 + \left(\frac{1}{2}x + \frac{1}{6}x^2 + \frac{1}{24}x^3\right)}$

$$\sim 1-\left(\frac{1}{2}x+\frac{1}{6}x^2+\frac{1}{24}x^3\right)+\left(\frac{1}{2}x+\frac{1}{6}x^2\right)^2-\frac{1}{8}x^3 \sim 1-\frac{1}{2}x-\frac{1}{6}x^2-\frac{1}{24}x^3$$
$$+\frac{1}{4}x^2+\frac{1}{6}x^3-\frac{1}{8}x^3 = 1-\frac{1}{2}x+\frac{1}{12}x^2+0x^3.$$

5) $\log(1+x) \sim x-\frac{1}{2}x^2+\frac{1}{3}x^3-\frac{1}{4}x^4$ だから,

$$\frac{x}{\log(1+x)} \sim \frac{1}{1-\left(\frac{1}{2}x-\frac{1}{3}x^2+\frac{1}{4}x^3\right)}$$

$$\sim 1+\left(\frac{1}{2}x-\frac{1}{3}x^2+\frac{1}{4}x^3\right)+\left(\frac{1}{2}x-\frac{1}{3}x^2\right)^2+\frac{1}{8}x^3$$

$$\sim 1+\frac{1}{2}x-\frac{1}{3}x^2+\frac{1}{4}x^3+\frac{1}{4}x^2-\frac{1}{3}x^3+\frac{1}{8}x^3 = 1+\frac{1}{2}x-\frac{1}{12}x^2+\frac{1}{24}x^3.$$

2 1) 前問の 1) によって $\frac{x}{\sin x} \sim 1+\frac{1}{6}x^2+0x^3$ だが, これでは十分でなく, x^4 の項まで計算しなければならない.

$$\frac{x}{\sin x} \sim \frac{x}{x-\frac{1}{6}x^3+\frac{1}{120}x^5} = \frac{1}{1-\left(\frac{1}{6}x^2-\frac{1}{120}x^4\right)}$$

$$\sim 1+\left(\frac{1}{6}x^2-\frac{1}{120}x^4\right)+\frac{1}{36}x^4 = 1+\frac{1}{6}x^2+\frac{7}{360}x^4.$$ 一方, 例 14.1 の 3) により, $\arcsin x \sim x+\frac{1}{6}x^3+\frac{3}{40}x^5$ だから, $\frac{\arcsin x}{x} \sim 1+\frac{1}{6}x^2+\frac{3}{40}x^4$.

$\frac{7}{360} < \frac{3}{40}$, $x^4 > 0$ だから $\frac{x}{\sin x} < \frac{\arcsin x}{x}$.

2) 例 14.2 によって $\tan x \sim x+\frac{1}{3}x^3+\frac{2}{15}x^5$ だから,

$$\frac{x}{\tan x} \sim \frac{1}{1+\left(\frac{1}{3}x^2+\frac{2}{15}x^4\right)} \sim 1-\left(\frac{1}{3}x^2+\frac{2}{15}x^4\right)+\frac{1}{9}x^4 = 1-\frac{1}{3}x^2-\frac{1}{45}x^4.$$

一方, 定理 14.3 の (d) によって $\arctan x \sim x-\frac{1}{3}x^3+\frac{1}{5}x^5$ だから,

$\frac{\arctan x}{x} \sim 1-\frac{1}{3}x^2+\frac{1}{5}x^4$. よって $\frac{x}{\tan x} < \frac{\arctan x}{x}$.

3) 例 14.1 の 1) によって $\frac{1}{\sqrt{1+x}} \sim 1-\frac{1}{2}x+\frac{3}{8}x^2$. 一方, $\frac{\log x}{x} \sim 1-\frac{1}{2}x+\frac{1}{3}x^2$.

$\frac{3}{8} > \frac{1}{3}$, $x^2 > 0$ だから $\frac{1}{\sqrt{1+x}} > \frac{\log x}{x}$.

4) $\frac{x^2}{\sin x} \sim \frac{x}{1-\frac{1}{6}x^2} \sim x+\frac{1}{6}x^3$. $\cos x \sim 1-\frac{1}{2}x^2$ だから

$$\cos x + \frac{x^2}{\sin x} \sim 1 + x - \frac{1}{2}x^2 < 1 + x + \frac{1}{2}x^2 \sim e^x.$$

第 15 章

1 1) $\dfrac{1}{\sin x} - \dfrac{1}{x} \sim \dfrac{1}{x}\left(\dfrac{1}{1-\frac{1}{6}x^2} - 1\right) \sim \dfrac{1}{x}\left(1 + \dfrac{1}{6}x^2 - 1\right) = \dfrac{1}{6}x \longrightarrow 0.$

2) $\sin x \sim x - \dfrac{1}{6}x^3,\ \sin^2 x \sim x^2 - \dfrac{1}{3}x^4$ だから,

$$\frac{1}{\sin^2 x} - \frac{1}{x^2} \sim \frac{1}{x^2}\left(\frac{1}{1-\frac{1}{3}x^2} - 1\right) \sim \frac{1}{x^2}\left(1 + \frac{1}{3}x^2 - 1\right) = \frac{1}{3}.$$

3) 例 14.1 の 2) によって $\dfrac{1}{\sqrt{1+x}} \sim 1 - \dfrac{1}{2}x + \dfrac{3}{8}x^2,\ \dfrac{1}{\sqrt{1-x}} \sim 1 + \dfrac{1}{2}x + \dfrac{3}{8}x^2.$
よって $\dfrac{1}{x}\left(\dfrac{1}{\sqrt{1-x}} - \dfrac{1}{\sqrt{1+x}}\right) \sim \dfrac{1}{x} \cdot x = 1.$

4) $\dfrac{x}{\sqrt{1+x^2}} = \sqrt{\dfrac{x^2}{1+x^2}} = \sqrt{\dfrac{1}{1+\frac{1}{x^2}}} \longrightarrow 1\ (x \to +\infty\ \text{のとき}).$

5) $\log(e^x + e^{x^2}) = \log[e^{x^2}(1+e^{x-x^2})] = \log e^{x^2} + \log(1+e^{x-x^2})$
$= x^2 + \log(1+e^{x-x^2}).$ よって $\dfrac{\log(e^x + e^{x^2})}{x^2} = 1 + \dfrac{\log(1+e^{x-x^2})}{x^2}.$ $x \to +\infty$ のとき, $x - x^2 = -x^2\left(1 - \dfrac{1}{x}\right) \to -\infty$ だから, $e^{x-x^2} \to 0.$ よって

$$\frac{\log(e^x + e^{x^2})}{x^2} \longrightarrow 1.$$

2 1) $y(1) = 1.$ $\log y = \dfrac{1}{x}\log x.$ $x \to +0$ のとき, $\log y \to -\infty$, よって $y \to +0.$ y の $+0$ での右微分係数 $y'(+0)$ を求める. 定義により,

$$y'(+0) = \lim_{x \to +0}\frac{y(x) - y(+0)}{x - 0} = \lim_{x \to +0}\frac{y}{x}.\ \log\frac{y}{x} = \log y - \log x = \left(\frac{1}{x} - 1\right)\log x \longrightarrow$$

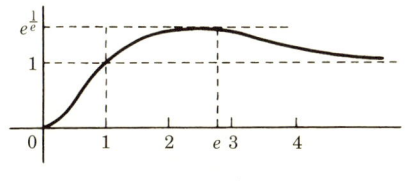

図 **15.2**–1)

$-\infty$ ($x \to +0$ のとき). よって $\frac{y}{x} \longrightarrow +0$. すなわち y の $+0$ での右微分係数は $+0$ であり，グラフは原点で x 軸に接する．定理 15.2 によって，$\lim_{x \to +\infty} \frac{1}{x} \log x = +0$ だから，$x \to +\infty$ のとき $y \to 1+0$. $\frac{y'}{y} = \frac{1}{x^2}(1 - \log x)$ だから，$x = e$ で y は極大かつ最大で，$y(e) = e^{\frac{1}{e}}$. これで前ページの図がかける．

2) $y = x^{\frac{1}{x}}$ は $x = e$ だけで最大だから $e^{\frac{1}{e}} > \pi^{\frac{1}{\pi}}$. 両辺を $e\pi$ 乗すれば $e^{\pi} > \pi^e$ となる．

3 1) 定理 15.8 により，$\sqrt{1+x} = (1+x)^{\frac{1}{2}} = 1 + \sum_{n=1}^{\infty} {}_{\frac{1}{2}}C_n x^n$. ${}_{\frac{1}{2}}C_1 = \frac{1}{2}$. $n \geq 2$ なら

$${}_{\frac{1}{2}}C_n = \frac{\frac{1}{2}\left(\frac{1}{2}-1\right)\left(\frac{1}{2}-2\right)\cdots\left(\frac{1}{2}-n+1\right)}{n!} = \frac{\frac{1}{2}\frac{1-2}{2}\frac{1-4}{2}\cdots\frac{1-2n+2}{2}}{n!}$$

$$= \frac{(-1)^{n-1} 1 \cdot 3 \cdot 5 \cdots (2n-3)}{2^n n!}. \text{よって}$$

$$\sqrt{1+x} = 1 + \frac{1}{2}x + \sum_{n=2}^{\infty} \frac{(-1)^{n-1} 1 \cdot 3 \cdot 5 \cdots (2n-3)}{2^n n!} x^n. \text{ ただし}, -1 < x < 1.$$

2) $\frac{1}{1-x-2x^2} = \frac{1}{(1+x)(1-2x)} = \frac{1}{3}\left(\frac{1}{1+x} + \frac{2}{1-2x}\right)$ だから，

$$f(x) = \frac{1}{3}\sum_{n=0}^{\infty}(-1)^n x^n + \frac{2}{3}\sum_{n=0}^{\infty}(2x)^n = \sum_{n=0}^{\infty}\frac{(-1)^n + 2^{n+1}}{3}x^n. \text{ ただし}, -\frac{1}{2} < x < \frac{1}{2}.$$

3) $\sin^3 x = \frac{3}{4}\sin x - \frac{1}{4}\sin 3x$ だから $\sin^3 x = \frac{3}{4}\sum_{n=0}^{\infty}\frac{(-1)^n}{(2n+1)!}x^{2n+1}$

$- \frac{1}{4}\sum_{n=0}^{\infty}\frac{(-1)^n 3^{2n+1}}{(2n+1)!}x^{2n+1} = \frac{3}{4}\sum_{n=0}^{\infty}\frac{(-1)^n(1-3^{2n})}{(2n+1)!}x^{2n+1}$.

4) 問題 7.1 の 1) によって $f'(x) = (1+x^2)^{-\frac{1}{2}}$ だから，例 15.4 の 1) によって

$$f'(x) = 1 + \sum_{n=1}^{\infty}\frac{(-1)^{n-1} 1 \cdot 3 \cdot 5 \cdots (2n-1)}{2^n n!} x^{2n} \quad (-1 < x < 1). \text{項別に積分する}$$

と，$f(0) = 0$ だから $f(x) = x + \sum_{n=1}^{\infty}\frac{(-1)^n 1 \cdot 3 \cdot 5 \cdots (2n-1)}{2^n n!} \frac{x^{2n+1}}{2n+1}$.

5) ヒントにより，$1 + x + x^2 = \frac{1-x^3}{1-x}$ だから $f(x) = \log(1-x^3) - \log(1-x)$

$= \sum_{n=1}^{\infty}\frac{(-1)^{n-1}}{n}(-x)^{3n} - \sum_{n=1}^{\infty}\frac{(-1)^{n-1}}{n}(-x)^n = \sum_{n=1}^{\infty}\frac{1}{n}x^n - \sum_{n=1}^{\infty}\frac{1}{n}x^{3n}$. これを

$\sum_{n=1}^{\infty}a_n x^n$ とかけば，n が 3 で割れるときは $a_n = -\frac{2}{n}$，割れないときは $\frac{1}{n}$ ($-1 \leq x < 1$).

索 引

あ 行

n 階導関数　111

扇形　72

か 行

開区間　103
階乗　110
角領域　72
加法定理〔三角関数の〕　39

奇関数　102
逆関数　31
逆三角関数　46
極限　95, 97
極座標　70
極大・極小・極値　99
曲率　130
曲率半径　131
極領域　72

偶関数　102
空間の座標系　4
区分求積法　9, 70
組合わせの数　110

原始関数　16
　──の一意性　94

高階導関数　111
広義積分　98
合成関数　33

さ 行

サイクロイド　83
最大値最小値の定理　91
座標　3
座標系　2
残項　116

指数関数　55
指数法則　54
自然対数　57
　──の底 e　57
実数直線　1
始点　85
収束　95, 98
終点　85
瞬間速度　6
乗法定理〔対数関数の〕　57
初等関数　84
心臓形　77

数学的帰納法　11
数直線　1

整級数　126
正の向き　85
積分する　16
積分定数　16
扇形　72

た 行

対数関数　56
対数微分法　58
楕円　10
タテ線領域　24, 86
単項式　22
単純閉曲線　85
単調関数　31
単調減少　31
単調増加　31

置換積分法　36
中間値の定理　90
直交座標系　2

定積分　9, 18, 96
テイラー展開　126
テイラーの公式　114
テイラーの定理　114

導関数　15
凸関数　107

な 行

2階導関数　101
二項関数　119
二項係数　111
二項定理　111
ニュートン法　108

は 行

倍角公式　40
背理法　10
パラメーター〔曲線の〕　79
パラメーター曲線　79

微分可能　15
微分係数　7, 14
微分する　15

不定積分　16
負の向き　85
部分積分法　44
部分分数分解　60, 66

閉曲線　85
平均速度　4
平均値の定理　93
閉区間　95, 103
ベキ級数　126
変曲点　107

放物線　3
星形　81

ま 行

無理数　2

面積〔非有界領域の〕　51
面積関数　17

や 行

有理数　2

ら 行

螺線　77, 84
レムニスケート　71
ロルの定理　92

著者略歴

斎藤 正彦(さいとう まさひこ)

1931 年　東京都に生まれる
1951 年　東京大学理学部数学科を卒業し，東京大学教養学部助手になる．
　　　　　以後助教授，教授を経て 1991 年に定年退職し，名誉教授
1991 年から 1996 年まで放送大学教授
1996 年から 2003 年まで湘南国際女子短期大学学長
2006 年度日本数学会出版賞受賞
　　　　　理学博士

主　著　『線型代数入門』（東京大学出版会，1966）
　　　　　『超積と超準解析』（東京図書，1976）
　　　　　『線型代数演習』（東京大学出版会，1985）
　　　　　『行列と群』（SEG 出版，2000）
　　　　　『数学の基礎―集合・数・位相―』（東京大学出版会，2002）
　　　　　『文化のなかの数学　付 回想の倉田令二朗』（河合文化教育研究所，2002）
　　　　　『はじめての群論』（制作 亀書房，発行 日本評論社，2005）
　　　　　『斎藤正彦 微分積分学』（東京図書，2006）

はじめての微積分（上）　　　　　　　定価はカバーに表示

2002 年 12 月 1 日　初版第 1 刷
2009 年 9 月 15 日　　第 5 刷

著　者　斎　藤　正　彦
発行者　朝　倉　邦　造
発行所　株式会社　朝　倉　書　店
　　　　東京都新宿区新小川町 6-29
　　　　郵便番号　162-8707
　　　　電　話　03(3260)0141
　　　　ＦＡＸ　03(3260)0180
　　　　http:// www.asakura.co.jp

〈検印省略〉

© 2002 〈無断複写・転載を禁ず〉　　新日本印刷・渡辺製本

ISBN 978-4-254-11093-7　C 3041　　Printed in Japan

すうがくぶっくす

《編集》森　毅・斎藤正彦・野崎昭弘

- 1巻　自然科学の基礎としての 微 積 分* 　加古　孝 著
- 2巻　線 型 代 数 増補版† 　草場公邦 著
- 3巻　加群十話 —代数学入門—* 　堀田良之 著
- 4巻　微 分 方 程 式♯ 　辻岡邦夫 著
- 5巻　ト ポ ロ ジ ー† —ループと折れ線の幾何学— 　瀬山士郎 著
- 6巻　ベ ク ト ル 解 析† —場の量の解析— 　丹羽敏雄 著
- 7巻　ガ ロ ワ と 方 程 式† 　草場公邦 著
- 8巻　確 率 ・ 統 計* 　篠原昌彦 著
- 9巻　超準的手法にもとづく 確率解析入門* 　釜江哲朗 著
- 10巻　複 素 関 数 三 幕 劇* 　難波　誠 著
- 11巻　曲面と結び目のトポロジー† —基本群とホモロジー群— 　小林一章 著
- 12巻　線 形 計 算♯ 　名取　亮 著
- 13巻　代 数 の 世 界* 　渡辺敬一／草場公邦 著
- 14巻　数 え 上 げ 数 学* 　日比孝之 著
- 15巻　微 分 積 分 読 本* 　岡本和夫 著
- 16巻　新 し い 論 理 序 説* 　本橋信義 著
- 17巻　フ ー リ エ 解 析 の 展 望† 　岡本清郷 著
- 18巻　確 率 微 分 方 程 式* —入門前夜— 　保江邦夫 著
- 19巻　数 値 確 率 解 析 入 門* 　保江邦夫 著
- 20巻　線形代数と群の表現 I* 　平井　武 著
- 21巻　線形代数と群の表現 II* 　平井　武 著

（♯—計算技術, *—基本理念, †—理念・イメージを軸に執筆）